小熊回家

南安小熊教我們的事

黃美秀——著

目錄

推薦文／（按姓名筆劃順序排列）

跋涉到台灣較原始的深山樹林，我們便能懂得什麼是繽紛生命的世界。若有幸看到黑熊的身影，便會感覺整座樹林甦醒、動了起來。然而，台灣黑熊數量日漸減少，生命所棲的樹林遂日益失去生命的氣息，終究將變得空盪、死靜，宛如廢墟。

——金恆鑣　國際珍古德教育及保育協會理事長

〈南安小熊回家了〉

南安的落單小熊，在政府部門、民間團體、學者專家及在地原住民部落等夥伴共同合作下，經過九個月照養及野化訓練，終於能重返野外，回歸自然棲地。

過程中有甘有苦，有爭執甚至也有誤解，卻也讓大家從中得到許多前所未有的寶貴經驗。

在照養與野化訓練的階段裡，小熊像個學生；但回顧小熊重返野地的歷程，牠更像是我們的老師，帶領我們一窺黑熊生態的堂奧。透過黃美秀老師的詳實記錄，配上小熊的超萌身影，精彩可期！

——林華慶　林務局局長

〈相忘於江湖，銘記於人心〉

妹仔是野生動物，妹仔是野生動物，妹仔是野生動物，因為很重要所以要說三遍！

無論我們再怎麼喜歡在螢幕前看到牠嬉戲長大，但一隻台灣黑熊，終歸要回到牠的「家」，而美秀老師介入南安小熊的轉折歷程也就是為了這個目的，當小熊總算野放回家之後，這個事件留給人類的學習才剛開始。

這本書讓我們有機會深入瞭解，黑熊研究團隊在面對突發的事件中，如何運用已知的知識累積去妥慎處理真實棘手的個案，一步一步在困難的情境、有限的資源下做決定；而在意外獲得且難得的近身觀察機會中，如何增加對黑熊保育知識的進一步瞭解，以及從野放前後的經驗累積了什麼樣的經驗值，足以做為日後的經驗教訓，無論是對熊本身，還是參雜著對複雜人性的自我理解與社會對話。

野地山林是黑熊的家，那裡充滿隨機與挑戰，這就是自然的本質。我們能夠展現同理心與類比思考的最佳方法，就是深刻理解野生動物並不適合在動物園內被圈養觀看，由此我們能否將對妹仔的關注推及到其他受苦的動物？以及能否停止開發行為深入山林甚至海洋去破壞牠們的居所？

這些問題是南安小熊之所以與我們偶遇所要帶來的意義，在牠回家之後，我們最深的祝福，就是當我們仰望山林想念妹仔的時候，我們要惦記保護牠奔馳生存的家園。

——徐銘謙　台灣千里步道協會副執行長

熊熊的教育沒有書。熊媽媽舔牠的時候，牠撐著一雙小手掌抓著地，頂著媽媽的舌頭；溫溫的舌頭舔到肩膀，牠就換後腳把後屁股翹高，使勁頂著；媽媽的舌頭倏地刷過脊梁，牠來不及卸力，翻了個身，媽媽就伸手攔了一下。牠就這樣抓到前腳、後腳使勁的竅門兒。牠蹭到媽媽跟前，伸著鼻頭頂媽媽的腮幫子，要媽媽再舔，要溫溫的舌頭，再舔，要濕濕的暖流。

一陣風吹醒了他，涼颼颼的。小熊只記得這些了。

風帶走了媽媽的溫潤，找不到舌頭，找不到舔，找不到媽了。

周遭一片黯淡。

一雙手托住了牠，撫摸牠的毛髮、皮膚，溫溫的。牠不知道那是什麼，那好像是另一種舌頭，沒有濕濕暖流感的，「她的舌」，牠這樣想著。

「她的舌」雖然沒有濕濕暖流感，但她溫柔，可期待，有愛。

於是小熊蹭到她身邊，要「她的舌」舔牠。

小熊總聽到她的叮囑：「長大再回媽媽身邊吧。」

——黃生　台灣師大名譽教授

美秀老師對黑熊保育的長期投入，對南安小熊的戮力救援，體現了整體物種存續與個體動物福利並不必然是需要取捨的對立狀態，而她對於台灣黑熊「一個都不能少」的執著與使命感，則吸引了許多人一同加入幫助小熊回家的計畫。

祝福回家的小熊找到新生的起點，也期待更多讀者隨著小熊的故事，邁開關懷動物的腳步，繼續前行。

——黃宗慧　台大外文系教授

台灣黑熊和其他大多數熊類一樣，其母子關係是非常緊密的，尤其幼熊出生都在冬天，母熊為了養育幼熊，生產後的一段時間不吃、不喝、不排尿地待在巢穴裡，抱著幼熊在腹部保護並取暖，且轉換自身蓄積的脂肪為乳汁授與幼熊，讓其存活、長大。幼熊大約在三個月大左右，母熊才帶著牠漸進式的離開巢穴，去探索外面的世界，包括跑、跳、抓、扒、玩樂及爬樹等，母子形影不離。

我和美秀老師相識是在黑熊的路徑上，我是因職務上的關係踏上此途，而她是主動跳入，當聽到她要出國攻讀博士學位時，心想，黑熊是分布在崎嶇的高山森林裡，又是兇猛的動物，什麼樣的動力驅使一位小女生下那麼大的決定？後來我因工作關係多次與她接觸甚至合作研究計畫後，深覺她似個女強人，翻山越嶺、不畏艱難、心思細膩、率真直言。舉凡是為了熊事，只要認為對黑熊保育有益的，她都勇往直前，不辭辛勞，甚至兩肋插刀相助，我就曾經是受惠者，包括曾經共同主持野化訓練一對雙胞胎小黑熊準備野放，雖然最後事與願違，但不諱言地說，這奠定了小熊野放訓練的基礎，當初運籌帷幄的主角就是美秀老師。

如今，南安小熊要回家的事，她也幫台灣黑熊保育協會一肩扛下。從小熊失恃落難開始，呼籲遊客應有的態度、政府該有的處置並喚起民眾的熱心與期待。配合小熊爾後適應野外求生的需要，採取各種必要的應變措施，進行中也參雜了「熊麻雞」美麗的插曲，此現象激起了我們反思，人類對大自然所知甚少，似應更謙虛、多學習一點？總之，本書記述了辛苦的汗水挾著溫馨、甜蜜、感人又知性的各層面，值得您去細心品味！

——楊吉宗　特有生物研究保育中心前副主任

〈當小熊撞見阿嬤〉

南安小熊對我和母親，絕對是一回自然教育的再啟蒙。

八十六歲時，媽媽學畫近兩年。台灣重要的哺乳類動物大概都有速寫，甚至連稀有的石虎、水獺和絕種的雲豹等等，都畫了兩、三張，偏偏就是台灣黑熊，媽媽避得老遠。初時，我有些不解，特別探詢，何以不畫。媽媽的理由相當有趣，「牠很高大，站立時，齜牙裂嘴，嚇死我了。」

媽媽斷然拒絕，我也不好說什麼。可是，南安小熊來了，新聞不時見報。我經常用臉書和媽媽遠距離對話，順手便將好幾張保育人員帶小熊回特生中心照顧的圖片，寄給她分享。沒想到，隔幾日回家探望，她已畫好兩、三張。我很驚喜，不禁問道，為何想畫台灣黑熊了。她說，「這隻看來很可愛，我不會害怕。」

好了，我終於知道，阿嬤心裡勢必潛藏著一隻像維尼小熊的動物。黑熊不能太大，可愛的小熊最為合宜。

後來，在一場電影放映會前，遇到台灣黑熊保育協會執行長王嘯虎，提到南安小熊，我當場得意地秀出媽媽的小熊繪圖。嘯虎兄很興奮，馬上又傳來好幾張小熊的近況圖給我，每張都相當清楚。我隨即傳給媽媽看，讓她知道，小熊最近又如何了。結果一星期後，我回家，媽媽在餐桌上擺了小熊吃果物、小熊陪小雞、小熊在爬樹等等圖畫，得意地展示。

從發現南安小熊，這幾個月以來，媽媽用色鉛筆繪了一系列的內容。黑熊成了她筆下最多樣最豐富面貌的動物。無法遠行的媽媽，一百公尺距離就是壯遊的媽媽，靠著南安小熊的成長，完成了一趟心靈的、遙遠的自然之旅。

謹祝福南安小熊！期待野放之後，日後媽媽和我還有機緣，跟牠奇妙的相會。

——劉克襄　自然生態作家

合作出版序／
讓小熊回家

自個人接任台灣黑熊保育協會第三屆理事長以來，會務在之前的推廣基礎上進入組織轉型。首先是於章程上自台灣黑熊單一物種之保育使命擴及各原生瀕危物種，跳脫差別心並已提供諸如石虎等之追蹤研究經費。此外為維持精簡編制與善用社會資源、及分享全民知的權益，在策略上規劃出一條《黑熊通報系統》的任務軸線，親子失散的南安小熊之照養野放即係通報系統的一個應變範例。

話說協會於去年七月十日接獲玉山國家公園管理處南安管制站通報，南安瀑布風景區樹上發現一隻幼熊，就是其後全國聞名的「南安小熊」。經封鎖道路兩週等待母熊未果後，透過公權力與學者專家之討論對其作成照養野放的決議，成為台灣首宗落單野生小熊的劃時代安排！於是在行政院農委會授權下，由台灣黑熊保育協會與國立屏東科技大學組成之「台灣黑熊孤兒幼熊之收容野化訓練及重返森林」照養野訓團隊全程執行；惟小熊的醫療與成長不能等，礙於中央政府主計制度於本事例難克全功乃由協會自始負擔其全部經費，幸經全民集資支撐其百分之七十五之所需資金，餘皆自協會預算經常門帳下補足。

此期間有幸經內政部空勤總隊黑鷹直升機之運送，使用農委會中部特生中心之低海拔實驗場設施與野生環境，與林務局林管系統和民間愛熊農友蒐集之小熊天然食材，在黑熊媽媽黃美秀老師與三位獸醫師細心照顧下，讓小熊如劫後重生般從四公斤增長到四十公斤，度過至適於野放之幸福成長「童年」，並於野放前第五次、也是最後一次健檢獲得臺北市立動物園健康寶寶的專業評鑑。

讓小熊回家的全民心願，終在以協會名譽理事長黃美秀老師為「班導」所率「褓姆」們之辛勞下無負所期，惟該項任務之價值與執行之經過有向國人闡述與交代之必要，故而協會全體內外勤同仁與志工之全力支援與調度、尤其照養團隊身歷其境之夙夜匪懈，更應讓全民有知的權利。而諸如黃老師春節為伴熊過家門而不入的辛酸，及團隊成員為小熊健康發育調製營養食譜、與維護環境衛生和生活豐富化鋸樹撿屎的心血，望能獲致大家、尤其參與集資人士的肯定；而我們的回報，就是與時報文化出版企業股份有限公司合作發行這本《小熊回家》圖文並茂的第一手紀實。其中高含金量的知性與視小熊如己出的感性文字，以及猶如寫真集般賞心悅目的小熊萌照，我深信是國內保育叢書中的空前之作；能有此幸，當然還要誠摯感謝時報出版的趙政岷董事長與李筱婷主編。

——張富美　台灣黑熊保育協會理事長

作者序／

小熊人間遊記：二〇一八年七月十日——二〇一九年四月三十日

一場虛張聲勢的強烈颱風警報，讓我提早結束山上的課程，碰巧遇上與母親失散的小熊。如果我們多瞭解台灣黑熊一些，多注重無痕山林一點，這個年紀的牠應該是在森林裡，在媽媽身旁跟進跟出，無憂無慮地盡情探索山林。這小傢伙似乎打從第一次見面起就不按牌理出牌，卻展現了堅強的生命韌性，那怕送牠回家的過程也是如此，讓我不得不相信牠是有熊國派來的信使。

一開始，我就知道我的專業一定可以帶牠回家，我是一個熊類生物學家，曾為了野放而訓練過二隻幼熊，大學時期也曾參與過國內首次台灣黑熊野放計畫。臨危受命，身為小熊野訓團隊的「班導」，照顧好牠的身心靈健康發展之餘，我必須幫牠安排各種野化訓練課程，因為「回家」是牠滯留人間唯一的目標。經過兩百八十天有計畫照養和野訓之後，南安小熊「妹仔」終於回家了。

在野化訓練場裡，小熊孤伶伶地，有時會令我十分捨不得，但牠每天都認真接受課程訓練和吃喝玩耍，也會想找人討拍和邀玩，但我卻不能給牠任何慰藉。對人，或對熊，這都不是件簡單的事。幸運的是，老天卻派來了一隻陪伴牠的閨蜜——「熊麻雞」，讓我稍加釋懷，也讓我們見證了一段跨物種的情誼。最後，小熊和熊麻雞當然沒有一起過著幸福美滿的日子，但卻各有歸所，我們也藉此機會得以探討生命尊重和野放的真正意涵。愛，是尊重，還牠自由；也是責任，要確保牠回家平安。

打從牠第一次在我跟前折樹枝、做窩、睡午覺開始，牠的信任讓我覺得這二十幾年來熊徑上的艱辛和汗水都值得了。小熊的出現卻也讓我踢到鐵板，我醒悟到一件事——原來我可能從來沒有如我預期地真正理解過一隻台灣黑熊。透過九個月的近距離觀察，以及自動照相機監測，牠從成堆的數據和科學報告中走了出來，活靈活現地在我面前鑽動、大快朵頤、搞破壞、玩耍、做窩，甚至呼呼大睡。哇，原來台灣黑熊是這樣呀！為此，我得好好謝謝這隻小熊，讓我們重新認識台灣黑熊。牠，無異是山神送給台灣人的禮物。

這只是一隻小小熊而已，但小熊回家是集結了多少人的祝福以及單位的努力呀！從民間的群眾集資到野果募集、無數的集氣祝福和資訊分享，以及跨部會的協調和合作。相信如果我們可以秉持同樣的信念和行動，持續努力，我們必能讓瀕臨絕種的台灣黑熊「起死回生」，成就台灣「有熊國」！衷心期盼這本書，可以讓我們更認識台灣黑熊，更疼惜台灣山林。

小熊，謝謝妳，祝妳回家平安。（二〇一九年五月二十一日下午五點）

——黃美秀　南安小熊「妹仔」班導

國立屏東科技大學野生動物保育研究所副教授

台灣黑熊保育協會名譽理事長

繪圖／阿丁

弱小的身軀，滯留南安瀑布附近森林裡。

序章

故事，從一隻走失的熊開始——南安小熊落難記

二〇一八年七月十日，正值瑪莉亞強烈颱風來襲前夕，花蓮縣卓溪鄉南安瀑布登山步道旁的樹幹上，遊客們發現了一隻年幼的台灣黑熊。疑似與母熊走失，加上受到人群驚嚇，小熊緊緊攀附在高約兩公尺高的樹幹上。遊客通報附近的玉山國家公園遊客中心，保育巡查員前往探視，發現小熊似乎精神狀態不佳、蒼蠅圍繞打轉，便帶回南安遊客中心暫時安置，並通報林務局花蓮林區管理處。

當時正在玉山國家公園東部轄區帶領研究生進行「野外研究安全教育訓練」課程的我，正因颱風攪局而提早結束野外訓練課程，下山途中，還沒踏入遊客中心，便聽到學生迎面而來呼喊：「老師，快點！有一隻小黑熊！」

我和同行的獸醫師張鈞皓立即衝入辦公室探視，只見一個大型橘色塑膠箱，內有一黃色塑膠小雞飼料袋，是當時捕捉小熊所用，上頭還蓋著紙板。輕輕掀開紙板一角，見到一坨毛茸茸的黑球蜷縮在一角，烏溜溜的眼睛羞怯地打轉著，彷彿在探察四周環境。

我示意現場的其他人安靜，和獸醫合力先將小熊抓出來檢查。這小傢伙看

初見小熊。

來約五、六公斤，推測年紀大約三、四個月齡，無明顯體表創傷或骨折狀況，精神狀況尚可，體態也還算不錯，獸醫將小熊拎起試圖保定檢查時，牠猛烈掙扎，還差點咬了我一口。鼻頭略為乾燥、皮膚彈性差，獸醫判斷有輕微脫水情況（約體重的五%）。而我推測小熊可能受到遊客驚嚇，躲在樹梢高處不敢下來，長時間日曬及緊張喘氣，導致體液快速流失，便給小熊電解質水，先穩定牠的狀況。

以現場狀況來看，這隻小熊可能剛與熊媽媽失散不久，因為牠的健康狀況還不錯，尚未斷奶且不具備獨立生存的能力。由於小熊與母熊失散可能僅在數小時間而已，母熊有可能還在附近搜尋或等待小熊，最好的結局當然是由母熊前來把小熊帶走。因為母熊和小熊的親子關係緊密，母熊通常不會輕易拋棄小熊，除非受到劇烈而持續的干擾，或是小熊狀況很糟。於是當場建議花蓮林管處應該以最快的速度將小熊送回現場，並且封閉步道入口，限制人員進出南安瀑布區域，避免再度干擾母熊返回原處。

原地安置受驚小熊，等待媽媽

不知為何，消息迅速傳開了！南安瀑布現場已有遊客聚集，大家都想看小熊。而即將來襲的瑪莉亞颱風可能登陸，母熊萬一沒有返回，也是威脅小熊性命一大隱憂。於是團隊建議在瀑布步道路口處拉起黃色警示封鎖線，並加派人員看守，禁止進入。另一方面，研究團隊則帶領花蓮林管處和玉山國家公園管理處的工作人員們協力在當時小熊被發現的山壁附近下方，用竹子和鐵絲網設置半封閉的圍籬結構，安置小熊，並提供二碗狗罐頭和二碗蜂蜜水。圍籬結構可以遮避風雨，也可讓小熊的叫聲和味道傳出去，吸引母熊前來，還能讓前來的母熊輕易破壞結構、帶走小熊。

上方也拉上藍白相間的塑膠雨布擋雨，也裝了無線電發報器以及二台自動照相機。如果圍籬被破壞了，團隊馬上就會收到訊號，可以立即查看狀況，瞭解是否是母熊來帶回小熊了。如果有其他公熊在此區活動，也可能危及小熊，藉由發報器訊號，若有意外發生，團隊也可以第一時間趕到處理。對於尚無法獨立求生的小熊來說，人員還可定期提供食物，確保牠的平安。

小熊安置妥當後，研究團隊總算鬆了一口氣，將後續的「護熊」任務就交

給花蓮林管處。現場淨空之後，在僅離小熊所在約五十公尺遠的步道入口處安排一位人員看守，防止生人闖入，其餘就看小熊的造化了。當天傍晚，我得趕在颱風登陸之前返回西部，臨走前再次探視小熊，但現場圍籬內卻毫無熊蹤，圍籬外的石頭上有坨糞便，裡面淨是橘色姑婆芋的果肉和白色種子，可見小熊已經可以吃硬體食物了！但是！小熊怎麼不見了？現場自動照相機也都沒有捕捉到半點熊影子。詳細檢視之後，發現圍籬外的山壁有個洞，看來小熊不是從內側挖山壁而出，便是當初架設圍籬時沒發現這道缺口。

總之，小熊逃脫了！考量牠應該仍在附近遊蕩，因此在附近加裝了幾台自動照相機，並建議管理單位這兩天持續拉起封鎖線，禁止任何人進入，以免再次把母熊嚇跑。但是，之後發現現場似乎沒有人留守，遊客也不顧封鎖，依舊進入瀑布區。

遊客打卡風潮

然而，隔天颱風並沒有登陸，發現小熊的消息也陸續傳開了！再加上剛好

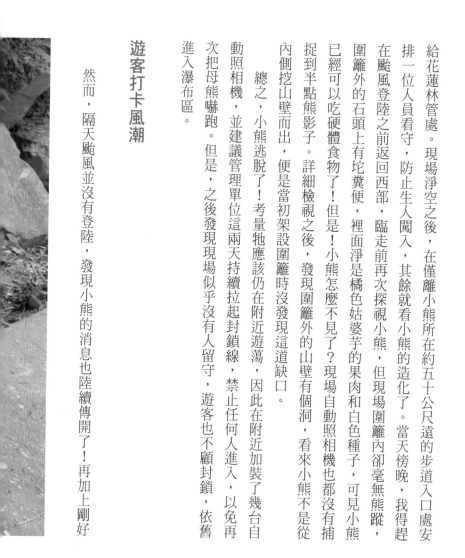

第一時間送小熊回到被發現現場安置，等媽媽。

假日且豔陽高照，想要一睹小熊風采的大量遊客蜂擁而至，還有遊覽車包車遠道而來，一台一台駛進此區。南安瀑布、瓦拉米步道的台30線一時人車鼎沸。小黑熊滯留此區，不知是肚子餓而四處找食物，還是受到驚嚇，孤伶伶地到處亂竄，後來竟然在大白天跑到大馬路上好幾回，許多遊客爭相拍照打卡，而往來的車輛也多，也有遊客擔心小熊被車撞到。

這期間，許多遊客都目睹小熊在南安瀑布附近的溪谷與山壁活動，卓安橋橋下溪溝的石頭上，也發現了小黑熊糞便，除了有姑婆芋等植物果實，竟還有四個煙蒂在其中。同時還有民眾也發現，小熊在溪谷和公路之間來回移動，「沿途都在撿遊客丟下邊坡的寶特瓶、垃圾來咬」，小熊恐怕凶多吉少。

花蓮林管處在七月二十日發出新聞稿，宣布封閉南安瀑布。消息一出，似乎引起現場更大的參觀熱潮，有些網友還私訊我，傳送意外目擊小熊的照片。我暗覺不妙，次日隨即前往現場，當場見識到「盛況」，而這樣只會驚嚇到母熊，不敢前來接小熊。

於是我當天就在臉書上發文宣導，呼籲遊客不要再進入當地。「災難，抑或是母子團聚的契機？」「你家的小小孩若走丟了，你希望大家都去圍觀拍照打卡嗎？」希望民眾發揮同理心。這篇發文經過媒體轉載，加上當地也有居民落單的小熊來回穿梭馬路，險象還生。
圖片提供／林慧美

慕名而來的遊客爭相拍照打卡，
嚇壞小熊寶寶。

在外圍勸阻，遊客們也都配合，大量人潮在隔天幾乎消失了。

不得不的介入

七月二十二日，保七總隊第九大隊護熊專案成立，瓦拉米步道的台30線實施二十四小時人車管制，請遊客勿前往小黑熊出入地點拍照，或騷擾小熊，違反者可依《野生動物保育法》處一年以下有期徒刑、拘役或併科六萬至三十萬元以下罰金！

後來花蓮林管處在七月二十三日下午也召開緊急會議，討論小熊後續的處置及因應措施，決定擴大封路範圍。我並未出席會議，因為我和團隊正在南安瀑布現場監測小熊的狀況。其實，小熊這時的狀況已如風中殘燭，身形越來越瘦弱。

我的極力呼籲、各單位的協助封路、媒體幫忙呼籲勸導、民眾的配合，大家都只希望母熊能夠及時出現，帶走小熊返回深山林裡。但眾人的期待最終還是落空了，母熊並沒有回來把小熊帶走。於是持續封路，而小熊也在南安瀑布及馬路附近徘徊，最後躲進卓安橋下的橋墩。

垂掛食物給躲在橋墩下的小熊。

我和獸醫，以及台灣黑熊保育協會團隊在管理單位的授權下開始提供小熊食物，用犬用代奶粉、幼犬顆粒飼料和嬰幼兒副食穀粉調製成粥，從橋上垂吊下去給小熊，期望餓了十一天的小熊起碼可以先填飽肚子。團隊同時也在牠躲藏的橋下沙洲草叢下設置一個籠子，並擺食物，希望讓牠隨意進出，作為預防小熊遭遇危急狀態時，可以立即捕捉的備案。

我抵達後第三天，小熊的狀況越來越不好，活動力也下降，現場附近還發現疑似拉肚子的小熊糞便，牠也不太肯吃東西了！而且原本應該活潑好動的小熊，如今大多就躲在橋墩下。這天傍晚牠食慾明顯較差，對各種食物顯得意興闌珊，大概僅吃掉不到一半的食物。小熊狀況不穩定，未因投食而有活動力，而且未曾離開卓安橋墩邊的灌叢，不像之前被目擊時，還有活力四處跑動。二十三日晚上，現場只有我和團隊，小熊依舊躲在草叢裡，拒絕進食。研究團隊開會商議明日捕捉的必要性，沙盤推演路線情境，人力和所需器材，並開始調配器材。當天午夜，小熊仍是不吃。

二十四日一早，小熊仍是躲藏在橋墩下草叢中休息，行動及神情懶散。垂掛食物後，牠僅舔食了盤子裡的湯水，留下固態食物，香蕉、火龍果都沒有吃。獸醫張鈞皓也在橋下發現小熊有拉稀便的情況。團隊獸醫研判小熊身體應該有狀況了，立即聯繫並建議管理單位立刻捕捉安置，進行治療，先保住小命再說。

七月二十四日下午三點，花蓮林管處展開捕捉小熊作業，準備好垂降裝備、各樣器材工具，並找來當地兩位原住民朋友協助捕捉小熊。開始捕抓時，小熊就往山壁衝去，使出渾身解數要逃離，卻失足滑落山壁，在千鈞一髮之際，當地布農山青賴志節剛好在小熊下方，一手接住了小熊，有驚無險，保住了小熊。

啟動照養與野放訓練

小熊隨後被送往附近的花蓮林管處的苗圃安置，並進行一連串健康檢查，臺北市立動物園獸醫團隊還為此派出醫療車專程南下。直到八月二日，檢查結果出爐，小熊有中度至重度的貧血以及肺炎。落單小熊的緊急處理是國內首例，二十九日林管處會同專家學者召開會議，如此幼齡的黑熊幾乎無法單獨在野外存活，為了小熊能健康存活，而且母子團聚的可能性已極低，遂決議讓小熊接受短期的人工照養，等到恢復健康後，再進行野放訓練，並送小熊回歸自然。

小熊自此展開人間一遊的旅程，也啟動了台灣第一頭來自野外幼熊的返家計畫。

剛被救援的小熊安置於花蓮林管處玉里工作站苗圃。

直升機 黑鷹直升機領小熊迎向新生——上學去（野化訓練）。

新家 緩緩邁出第一步，勇敢面對新挑戰（特生中心低海拔試驗站）。

Q&A

為什麼小熊會和熊媽媽走失呢？

黑熊通常不會在白天接近人類活動頻繁的區域，而發現小熊的地方是旅遊熱門景點，瀑布附近遺留不少人類戲水烤肉的垃圾，加上小熊的糞便出現四支菸蒂，可以合理推斷，熊媽媽和小熊應是受到人類食物吸引，才會來到人類活動的區域。但天亮之後，可能被早起上山賞瀑布的人群驚嚇到，熊媽媽來不及帶著小熊回到山林，才會拋棄小熊獨自離去。小熊受到驚嚇後，本能性地爬上樹躲避危險，攀在樹上不敢離去。

Q&A

回家後，南安小熊妹仔可以和熊媽媽重逢嗎？

小熊野放地點離小熊走失的地點「南安瀑布」的直線距離有十幾公里。台灣黑熊的活動範圍廣泛，母熊約三十到九十三平方公里；國外黑熊的研究也顯示黑熊對於活動空間具有很好的記憶和導航能力，因此小熊在返回山林後移動至媽媽的活動範圍並非不可能。

此外，熊是一種親子關係非常緊密的動物，野外的黑熊通常到一歲時才離開母熊、自立門戶生活，而且女兒的活動範圍經常與熊媽媽有廣泛的重疊。加上嗅覺是熊類之間的重要溝通方式，小熊因成長期間與母熊之間緊密的關係，也會發展出強烈的氣味印記。因此，小熊在野放後，與熊媽媽相逢的機率是很高的，而且是可以相互認出彼此的。但是，我們不認為返回森林的小熊會一心一意上演一齣「萬里尋母」記，畢竟此時牠已有約十五個月齡大小了，時值青少年，也是該離開熊媽媽出去闖盪江湖的年紀了。

Q&A

若在野外遇到落單小熊該如何處裡？

瞭解小熊和母熊的緊密連結之後，倘若在野外看到落單的小熊，首先得提高警覺，因為母熊可能就在附近。同時，千萬別隨意地認為小熊失親或需要幫助，而貿然介入、將小熊帶回照顧。反之，在一般情況下，若小熊看起來活動正常，就無須多加理會，應儘速離開現場，避免干擾母熊和小熊團聚。然而，若真正遇到病態的小熊，看起來極可能被遺棄，則趕緊通報相關管理單位，透過專業程序處理。

第一章

小熊來了！

《飲食篇》

吃飯學問大

小熊剛被收容時，仍未斷奶，但已可以吃固體食物了，像是姑婆芋果實。我們將小熊的食物分成三類：一、精緻食物，包含以幼犬專用的代奶粉、穀片及五穀粉調製成「小熊粥」，另補充專門設計給熊類吃的飼料，暱稱為「熊乖乖」。二、人類吃的食物，包含一般食用的蔬菜、水果、雞蛋、肉品，一部分是從市場買來，其他則是熱心民眾捐贈，又多為自家栽種的有機或賣相不好的淘汰蔬果。三、野外採集的植物，各地林管處工作站的巡護員、熱心民眾以及野訓團隊，會不定期到山上採集各式各樣當季野熊會採食的植物，包含根莖枝葉和果實等。這些野食除了保證新鮮有機之外，也是為了讓小熊吃到當季食物。

提供小熊的食物份量則是依照食肉目動物的基礎代謝需求能量公式來計算的。由於小熊正值成長期，需要更多的營養和熱量，因此提供運算所得的三倍熱量。每類食物的熱量都有特定的計算方式，因此即可得知餵食份量。舉例來說，若基礎代謝能量為六百大卡，那就給小熊總熱量一千八百大卡的食物，其中澱粉、纖維與蛋白質的比例再視成長情況調整。

小熊粥是母乳的替代品，蛋白質的主要來源。但為提升小熊對野食的接受度，也隨著小熊成長，小熊粥的比例也隨之漸減，直到一歲左右斷奶的年紀。其他多元的食物，除了確保營養均衡之外，也訓練小熊處理各式食物的技能，練習抓握、剝殼、去皮、吐籽等。野外的植物多半口感不佳，而小熊需提早熟悉這些野外的食物，縮短未來野放後的適應期，所以避免餵食大量且單一的種類，也要避免過於精緻或甜度高的高適口性食物。每餐經常是十幾種各類食物混搭，依時序而變化。例如，春季吃箭竹筍、山櫻花果，夏季吃樟科楠木果實，秋冬季則吃各式堅果。

食物給予的方式也費盡巧思，為了訓練小熊自己找食物，不要以為食物都在地上或碗裡，我們得四處藏食物，一則不讓牠輕易找到，二則配合該植物的生長環境來放置，例如長在樹上的就盡量不要放地上，而是藏在樹枝間或高掛樹上。

但訓練偶爾也會遇到困難。入秋後，野外黑熊的食物就會由漿果轉為堅果，例如青剛櫟，但是大部分堅果又澀又硬，難吃又不好處理。起初小熊對堅

（右）各式野果。

（左）小熊粥。

吃飯熊大

小熊粥

小熊的最愛。

呂宋莢蒾

來自山林的呂宋莢蒾彷彿是
小紅寶石。

錫蘭橄欖

「錫蘭橄欖滋味也不錯，
就是不好拿在手。」

烏梨

民眾捐贈的多汁烏梨。
也是小熊最愛之一！

山棕 山棕的果實吃起來澀澀麻麻的。

「你在看我吃東西嗎？」

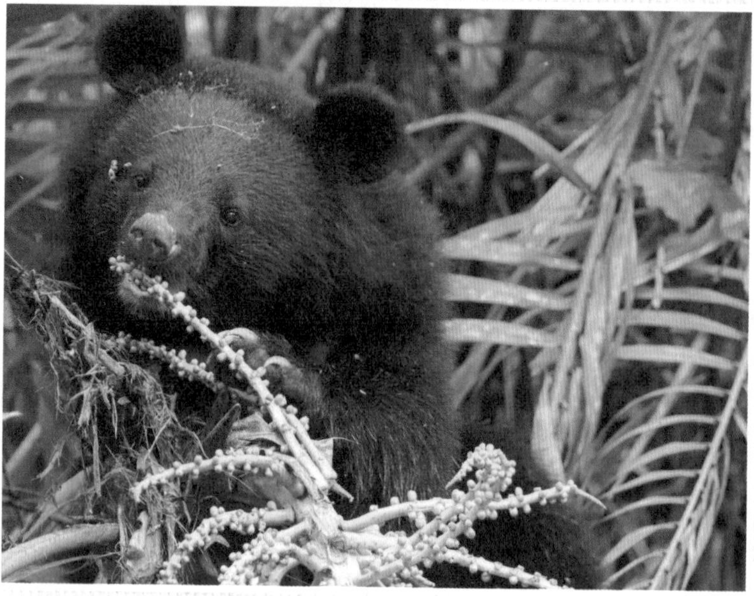

「我不只吃山棕的果實，花也沒問題！」

山櫻花

鵝掌藤

菱果石櫟

大葉苦櫧

阿里山十大功勞

台東火刺木

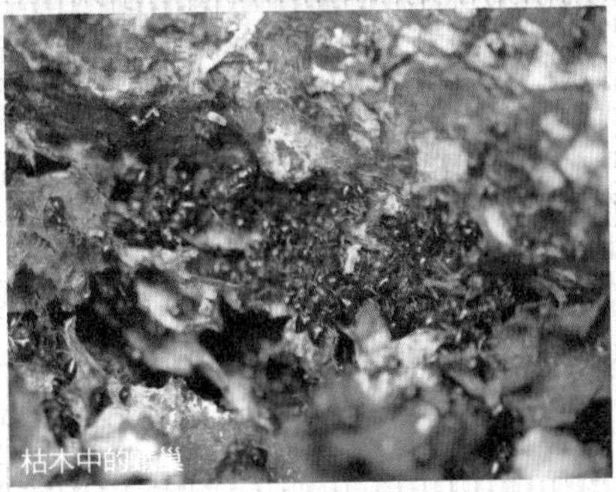
枯木中的蟻巢

大黑豔蟲

果興趣缺缺，但這類食物富含熱量，是很多野生動物囤積脂肪度冬的重要來源，非得讓小熊習慣不可，因此將堅果混入蜂蜜或加入小熊粥，讓小熊習慣吃下堅果。起初小熊會挑出整顆的堅果不吃，之後我們改將堅果敲碎混合，小熊就沒轍了。

強大的覓食能力

平日餵食的時間設定在上午九點左右，好讓小熊天亮起床後可以先在展場內探索環境，自行尋找可利用的食物。只見小熊對枯倒木很感興趣，抓扒樹皮，猛一看，才發現裡頭竟有好幾隻一公分長的大螞蟻，有時則是雞母蟲，小熊輕巧地用舌頭一一舔起，吃得不亦樂乎。有時走在林子時也會突然停下來，低頭用長爪挖土，鼻子貼地舔了起來。仔細一看，原來是白蟻窩，上頭還有四處鑽動的白蟻和白色蟻卵。熊這麼大一隻的動物，拿這麼小的昆蟲當點心，真是讓人訝異。

台灣黑熊的嗅覺是非常敏銳的，小熊的覓食能力也完全超乎了我們的想像。除了昆蟲點心之外，小熊在森林展場內看來也「來者不拒」。牠經常會先

「上樹採食櫻花果絕對難不倒我。」

山芋

「山上常見的山芋我也吃，
但不是你想的那個芋頭。」

黃藤果

「黃藤果酸甜、很好吃。」

吃這件事

地瓜

「野果不多時，地瓜會是我的主食。」

吃蔬果

「我一天不止五蔬果，今天有雞屎樹、胡桃、月桃等等。」

火筒樹

「火筒樹很美，
但可一點都不好吃！」

火刺木

「媬姆幫我採來的台東火刺木。」

認真嗅聞一番，再輕輕咬一下植物，有時就吐出了，有些就吞下肚，活像是神農嘗百草。

從小熊在森林展場裡吃掉的植物菜單來看，牠連一般人認為的雜草也都吃了，像是昭和草、黃藤、台灣山香圓、裏白饅頭果、菝葜、紫珠、颱風草、山芋和血藤等植物的嫩葉或嫩芽，以及山棕、冷清草、姑婆芋的花苞。另外，龍葵、雙花龍葵、風藤和台灣山櫻花的果實當然也不放過。更有趣的是，小熊還會每日回到同一叢龍葵處，舔食剛成熟發紫的果實，但留下生澀的綠果，這是「永續耕種」的概念嗎！這樣讓我們很放心，牠回到野外，應該不會餓肚子了！

啃咬山棕葉，是試吃還是把玩？

「熊麻雞」來了！

小熊野化訓練期間，團隊除了到處擺放各式食物之外，也需要訓練牠獵捕的能力。因此，在二〇一八年十二月初時，小熊進入森林野訓場後，特地為牠安排了第一場野放訓練——捕抓活禽。訓練捕食動物的技能，總得從簡單的開始，於是為小熊找來了一隻雞，讓牠試著進行獵捕。

我們在雞群中挑選了一隻活動力最弱的母雞，本想早點替牠解圍，讓牠結束被同伴霸凌的生活。怎知還沒在小熊面前擺好紙箱，一不小心，雞就趁隙飛走了，求生意志堅強的雞遇上了沒有獵捕經驗的小熊，所擦撞出來的火花竟是——雞飛也似地逃亡了，而小熊竟然也沒有太大的反應。從此這雞就銷聲匿「雞」了。直到一個月後，牠敗部逆轉，且彷彿重生般地登場，在小熊吃飯時悠悠地從旁出場。有別於昔日凌亂微禿，今日已換上一襲亮麗的羽衣，並帶著自信的步伐，不急不慌地在小熊旁邊啄食，令人驚訝不已呀！

在雞消失的近一個月期間，團隊後來還給了小熊第二隻雞練習，小熊成功獵食活禽。野訓團隊因此幫這隻存活下來的雞取名為「熊麻雞」（熊麻吉），牠不僅逃過了熊口，還跟小熊有著微妙的關係，這是大家始料未及的。甚至後

熊麻雞

熊：「粥永遠是我的！」

雞：「可以分我一口嗎？
算了～就先讓你吃好了。」

雞：「我是很想陪你玩啦！
但你的熊掌，還是令我有點怕怕的。」

雞：「呵呵～來抓我啊！」

兩小無猜 雞：「有人說我們兩小無猜，你是小熊，我是小雞。」

來小熊還獵捕了我們提供的第三隻雞，看來真是獨厚「熊麻雞」。

我們以為這隻雞遲早會成為小熊的盤中飧，但是這隻雞卻日漸豐滿、羽毛光澤亮麗的好好與小熊相處在同一個林子裡，打破了所有人的想像。每天到了小熊進食時間，只見這位小「閨蜜」就默默地跟在小熊後面，當小熊拿起植物、漿果狼吞虎嚥時，雞就在小熊的下方啄食從小熊嘴邊落下的果實和碎屑。小熊偶爾也會做做樣子驅趕這陰魂不散的跟屁蟲，但雞總能精明地躲開揮過來的熊掌，並耐心地等待小熊自餐桌「離席」，隨即補位啄食掉落一地的碎屑。

這樣看似違和的「相處方式」，或許並非不可能。熊是獨居動物，且極度「明哲保身」，通常在非必要的情況之下都會避免發生爭執，甚至大打出手。在食物充足的狀況之下，只要每一隻熊都覺得自己可以飽食，是可容忍其他競爭者在同一空間進食。因此，在美洲，我們也可以看見一整群的棕熊排排站在河中央，相安無事地一同捕食鮭魚的畫面。在食物供應無虞下，小熊獵捕的動機可能變低。那些食物碎屑對小熊來說，根本不看在眼裡，小雞的存在對小熊自然也沒太大威脅性。由此可見，小熊之所以對「熊麻雞」的存在視若無睹，或許是在驅趕雞的體力以及犧牲掉落碎屑食物的權衡之下，似乎不怎麼划算，因此小熊便懶得去管「熊麻雞」了。

但「熊麻雞」偶爾也會觸發小熊的警戒心，事情發生在小熊進行獵捕訓練後，這次的獵物——小豬仔，就沒有這隻雞這樣的好運。豐盛的乳豬大餐，小熊只吃了一半（大概就飽了），另一半被小熊帶回了牠的遊戲場。邊玩邊舔，

如影隨行的小跟班——熊麻雞。

並將豬排枕在頭下，就這樣睡去。此時「熊麻雞」愣頭愣腦地靠近小熊，認為會像平常一樣沒事，但不料小熊此時卻警鈴大作，直接坐了起來。「熊麻雞」被嚇得倒退，但仍沒有學乖，在第二次接近時，小熊突然發難，伸出利爪攻擊「熊麻雞」，遲鈍的「熊麻雞」終於感受到性命威脅，落荒而逃。這樣的現象即是典型的「護食行為」，平常雞啄食熊掉落的食物碎屑，小熊都不理會，因為塞牙縫都不夠，但是輪到一大「豬排」時，加上豬排得來不易，又只有這麼一塊，豈有分享之理，必當警戒以對。

話說回來，安置小熊之初，團隊本也想到為孤單的小熊找伴，如狗或其他熊，但因各種考量而作罷。如今冒出一隻地表最強的「奇雞」，五個月以來一直陪著小熊，算是山神送給小熊的禮物嗎？小熊和「熊麻雞」的關係，究竟是跨物種的友誼，還是養雞取蛋，或是養肥殺來吃的儲備糧食的概念，沒有人知道。但身為唯一逃過「熊口」的雞，肯定對於小熊來說有特別的意義，也讓我們對於台灣黑熊的研究有了一項有趣而溫馨的紀錄。不知可否登上金氏世界紀錄。

《生活篇》

小熊在野訓期間的作息與野外的台灣黑熊相近。黑熊一般是白天活動，在春季的全日活動頻度是四十七%，也就是說一天幾乎有一半時間是在活動。小熊的作息也是這般，日出而作、日落而息，一早醒來便四處蹓躂探索環境和找東西吃，啃嫩葉、扒腐木、挖土、舔葉上未乾的露水……飽餐一頓後，近中午經常還會睡個午覺，約一個小時左右。

小熊睡覺休息的地方也很講究。雖說野外黑熊居無定所，走到哪睡到哪，但小熊畢竟在圍籬內，還是有個「家」。白天的小憩，牠經常會溜到一棵傾斜的枯倒木上，這兒極為隱密，趴臥在約二公尺高的樹幹分叉上，這是牠最喜歡的祕密基地。此時，熊麻雞經常也會同行，但雞沒有上樹，而是安靜的躲在下方草叢中站立閉目養神。有些時候，小熊也會爬到其他樹上，趴在樹幹上，下垂的四隻腳就在空中晃呀晃！偶而也會在地上，用前掌將可及的草叢枝葉折斷拉近，作個簡單的床，再睡在上頭。當然，也有隨意坐著就呼呼入睡的情況，十足就是個孩子。

晚上，我們猜測牠大多在樹上睡覺才是。因為在石虎籠舍時，監視器畫面

顯示牠幾乎都在架高的平台或樹枝上睡覺。在森林場裡時，我們一早進入森林時，有時可見牠還在樹上，不然就是正在下樹中。森林裡，約有八、九棵大樹上都有小熊作窩的紀錄。這些熊窩都位在超過十公尺高的樹冠上，由小熊折斷或咬斷的樹枝堆疊而成，多數是露天的，所以晚上躺在上頭還可賞星空。牠最喜歡的一棵樹則是鬼櫟，從地面仰望，就可見上頭有三個熊窩。小熊晚上是否會換床睡，就不得而知了。

我們有一次利用自動照相機偷窺，發現小熊晚上起身，站在巢上屁股朝外，糞便一串串掉落。隨後，牠若無其事地趴下繼續睡。

除了覓食、休息以外，小熊平常還會做些什麼呢？說了可能不信，都在玩！但應該也不奇怪，畢竟牠也只是個「孩子」，況且還是一隻小熊。小熊非常自得其樂，似乎什麼都能玩，還懂得就地取

材、變換玩法，偶爾抵著樹幹摩擦抓癢、偶爾跑到水邊泡泡水或打水戰。興奮時會像人來瘋一般，橫衝直撞，快速衝上樹，再迅速「滑落」著地，重複爬上又爬下。悠閒時則在地上或躺或臥或趴，嘴裡或手掌上玩弄著樹枝、樹葉或其他「玩具」。把玩的玩具，包括食物、吃剩的果皮、動物殘骸，以及木頭或乾樹枝。一塊木頭或木棍就可以讓牠消磨好一段時間，把玩啃咬，身體劇烈扭動，經常四腳朝天，弄得灰頭土臉，但牠毫不在意。當爬到樹上時，用力搖晃樹枝或暴力地折斷並啃咬樹枝、樹葉，似乎也是牠的最愛。

小熊除了是個自得其樂的玩家以外，同時也是一個好奇寶寶。不管掛在天花板上的監視器，或是自動照相機都被牠納入探索的目標，加上牠強大的破壞力，我們每隔一段時間就要進行器材的修復和調整。最後，團隊甚至按照民間習慣，在籠舍外頭擺上一包「乖乖」，討個好兆頭，祈求小熊「乖乖」不要找器材麻煩了。

那怕台灣是亞洲地區有關黑熊生態資訊累積最豐富的國家之一（僅次於日本），但由於台灣黑熊習性隱蔽且數量稀少，野外直接觀察其行為習性的機會幾乎不可能。雖有一些行為觀察仍可透過圈養環境的個體研究獲得些許瞭解，但受限於圈養管理的諸多限制和相對的單調環境，動物的行為仍和野外狀況有

不挑食 「不管是褓姆餵的，還是林子裡長的，我來者不拒。」

玩～很重要，因為我只是一隻「小熊」。

「一枝樹枝也可消磨一下午。」

搞破壞是因為我好奇好玩。

爬天花板

「監視器擺這麼高，
也難不倒我。你說它很貴喔……」

這不是熊！

來修相機的獸醫。
「別修了吧！我還是可以
把它撂下的。」

「我來檢驗一下，相機是否牢靠。」
（自動相機：「……」）

「這拿來抓癢不錯喔！」
（自動相機：「……」）

搞破壞也會累好嗎？

「我只是想要玩而已。」

樹梢時光

樹上是避風港、
也是消磨時間的好去處。

「是該找個涼爽處睡個午覺了！」

「沒看過熊下樹嗎？」

利爪、裸露腳墊……
是爬樹基本配備。

臥虎藏龍 「我是平衡高手，不用練就會了。」

熊界楊玉環 「為何要減肥？和我一樣的曲線不是很美嗎？」

生活其實很簡單 「偷得浮生半日閒，玩木頭發發呆。」

熊黃金 「有吃有拉，褓姆看到我美麗的大便都會很開心。」

很大差異。由於小熊本身來自野外，加上野化訓練的特殊安排，提供野訓人員在近乎野外的森林環境下就近觀察記錄小熊的行為，彌補了台灣黑熊的行為資訊缺口，讓我們重新認識這台灣的頭號原住民，也拉近了人熊之間的距離。

透過「遛熊計畫」，觀察小熊在林子裡的行為適應。
攝影／ Jimmy Beunardeau

《獵捕篇》

熊是雜食性動物，除了各式植物果實、莖葉、根、花朵等部位以外，動物性食物也不可或缺，包括蟻、蜂等昆蟲和哺乳動物等。野外黑熊不僅會吃腐屍，更會獵捕山羌、野山羊，尤其當重要植物食物缺乏時。因此，在野放訓練中，我們提供小熊能力範圍內能夠獵捕的小動物，例如雞、小豬、小羊等，讓牠有機會練習獵捕技能。

由於小熊缺少經驗，甚至可能連這是「獵物」都不知道，一開始撲上獵物時，獵物掙扎尖叫，小熊自己也嚇到放手逃開了。因此總要花上許多時間才能將獵捕對象殺死，但後來就逐漸熟練。蜂窩也是同樣的情況，一開始時，突襲蜂窩的小熊被幾隻蜜蜂包圍就落跑了，但蜂蜜實在太具吸引性了，於是來來回回蜂箱好幾次。慢慢地，牠終於能在憤怒的蜂群環繞下，氣定神閒大快朵頤到手的蜂蜜和蜂蠟。這樣的野化訓練能夠幫助小熊在未來野放以後，具備獨立生活所需的覓食技能。

祕密基地

隱祕，沒有人打擾，
屬於我自己的天地，
想幹嘛就幹嘛！

「這兒，只有與好朋友同享。」

獵捕技巧

蜂蜜：
無法抗拒的誘惑

「終於打開了，
被叮得滿頭包我也要吃。」
（罩門：鼻子）

「呼～終於吃到
香甜的蜂蜜了！」

「邊邊角角都不可以錯過。」

「因為熊麻雞，
所以大家好像都以為我不會抓雞，
其實那根本是個失誤。
但卻是美麗的意外。」

「吃半隻雞就撐了，
但這是我的，誰都不許靠近！」

雞飛「熊」跳時，
熊麻雞在草叢中冷眼旁觀。

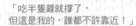

獵捕技巧　這得熟能生巧，
從簡單開始——一隻小雞。

「你還懷疑我捉不到雞嗎？」

「連雞腳都吃得一乾二淨。」

熊：「熊麻雞，
你別靠近我的雞排大餐。
這不是你的菜。」

「好好記住小羊的滋味，
回到野外就要靠自己了。」

「飽餐一頓之後，
滾上獵物的味道。」

「我是認真的，這是我的。
不要靠近。」

「哪怕是睡著了，
也是要護著我的大餐。」

獵捕技巧

獵物：豬、羊。

「這裡頭是什麼東西？」

「這會動的東西又是什麼？」

把吃不完的獵物（豬）
拖到隱蔽的地方
留著慢慢享用。

第一次見到小羊。

《健檢篇》

小熊的健康備受關注。野訓團隊有兩名獸醫師，隨時注意觀察小熊的健康，牠的食慾、食量、排便是否正常等。

在牠居住的森林中，有一台自己專屬的體重機。每天早上在秤台上擺上一些小熊愛吃的食物，例如小熊粥或熊飼料，幾日後，小熊很快就習慣在秤台上享用牠的「人間美味」早餐。透過簡單的行為訓練，每七到十天，我們只要在小熊上秤台前接上磅秤的顯示器，就能輕鬆量到牠的體重。甚至到後來，有時候小熊聽見研究人員進入森林場拉開鐵門的聲音，也會迫不及待地自動跑上秤台等待。要是我們動作太慢，還可能來不及接上顯示器呢，因為牠已不耐煩。

秤個體重，姿勢也花枝招展。（31.8kg）

在小熊被安置期間，總共接受了五次健康檢查，多數由臺北市立動物園獸醫團隊專車滿載各種健檢儀器前來支援，每次總是大陣仗出馬。檢查項目包括抽血檢驗、胸腹腔超音波掃描、心電圖分析、胸腹腔X光攝影，以及相關病原檢驗等。

第一次健康檢查是小熊剛被收容安置的隔日，七月二十五日，因為我們發現牠在野外的精神和食慾都已經很差了，而且還拉肚子，趕緊進行檢查以確定身體情況。大型野生動物不會乖乖配合獸醫師檢查，通常詳細的檢查都需要麻醉，但考量小熊這麼虛弱，可能無法承受麻醉的副作用，於是我們就近找來花蓮當地野生動物醫療經驗豐富的陳儒頎獸醫來支援。獸醫師給小熊打了一針低劑量的鎮靜劑後，便快速檢查了全身，確認沒有受傷，並且抽血以便

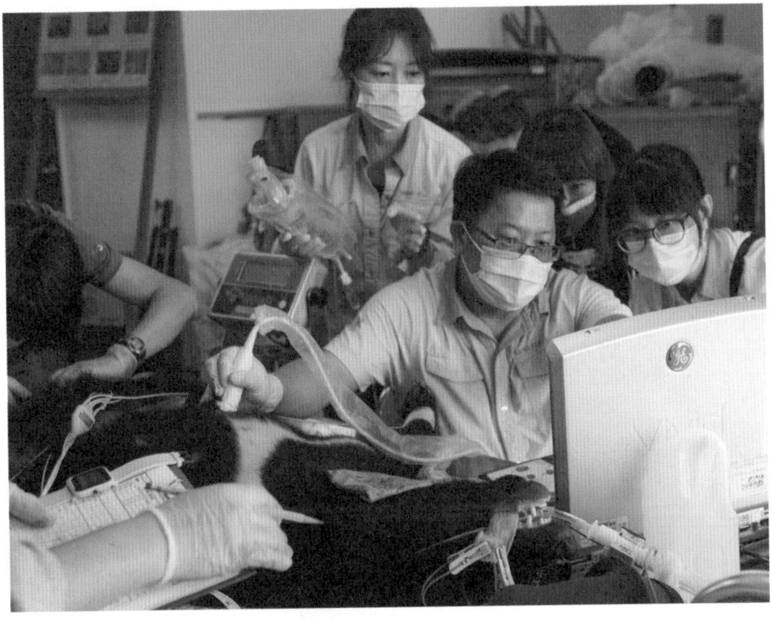

每次健檢都是大工程，獸醫團隊專業把關。

後續檢查。我們還從鼻孔裡抓出三隻游動的大鼻蛭（一種吸血的寄生蟲）。後來血檢報告指出，小熊有貧血、營養不良和感染的情況。這應該是因為沒有母熊的照顧，加上吃得不好、風吹日曬雨淋所導致。

之後幸虧在台灣黑熊保育協會和花蓮林管處團隊以及獸醫師悉心照護下，小熊漸漸恢復精神和食慾，排便也正常了。

大約一週後，小熊健康狀況漸趨穩定，加上管理單位經專家學者會議後已決定將小熊移置特有生物研究保育中心的低海拔試驗站（台中和平區海拔一千公尺山區）收容及進行野化訓練，我們需要評估小熊是否適合長途運輸，同時幫牠進行一次完整的健康檢查，這是第二次。自此之後，小熊的健康檢查便皆由臺北市立動物園獸醫團隊協助完成。這回來到花蓮替小熊麻醉，發現小熊不僅體重增加，且貧血與營養不良狀況均有改善，但仍有進步空間。X光檢驗結果也確認上回發現的感染情況可能源自肺部感染（肺炎），於是開始投藥治療。獸醫團隊評估小熊健康狀況穩定，於是小熊在八月八日搭乘直升機抵達野訓場地。

當小熊被收容安置之初，便已訂下明確的照養階段目標。首要目標便是小熊健康成長，其次是野化訓練。小熊抵達野訓場約兩個月半後，肺炎療程即將

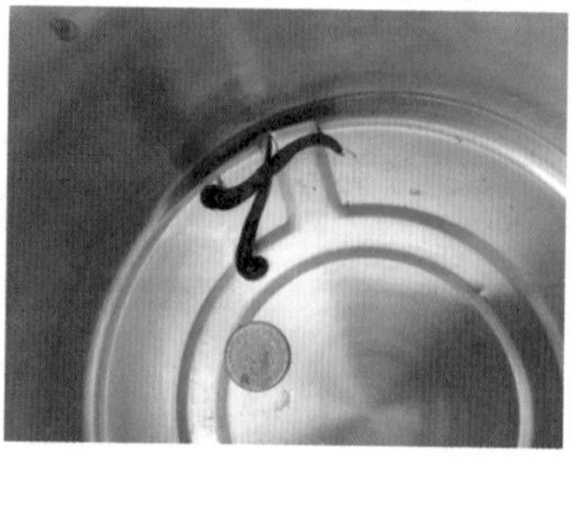

鼻蛭。

完成，我們又為牠安排了第三次的健康檢查，並確認小熊的肺炎已經痊癒，多項指標也顯示小熊健康。大家終於都鬆了一口氣，顯然第一目標已經達成。

二〇一八年十二月初，小熊體重已超過二十五公斤，我們決定將越來越調皮搗蛋的牠移到更開闊的森林野訓場。藉著麻醉移籠過程，我們再次幫小熊做了簡單的第四次健檢。這回另採集皮膚組織樣本進行遺傳分析，確認小熊與玉山國家公園東部園區的黑熊族群是同一來源。

四月十日，野放前三週，是第五次的健康檢查。這次是釋放回山林前的最後一次健康檢查，至關重要，小熊不僅需健康狀況良好，也不能帶有可能會感染野外族群的傳染性疾病。此時小熊已有四十公斤，動物園獸醫室郭俊成主任於現場仔細地完成超音波掃描後面露微笑，表示：「很健康，可以回家了。」後續的各項病原檢驗也都呈現陰性反應，表示小熊身上沒有任何傳染病。是呀，真的可以回家了！

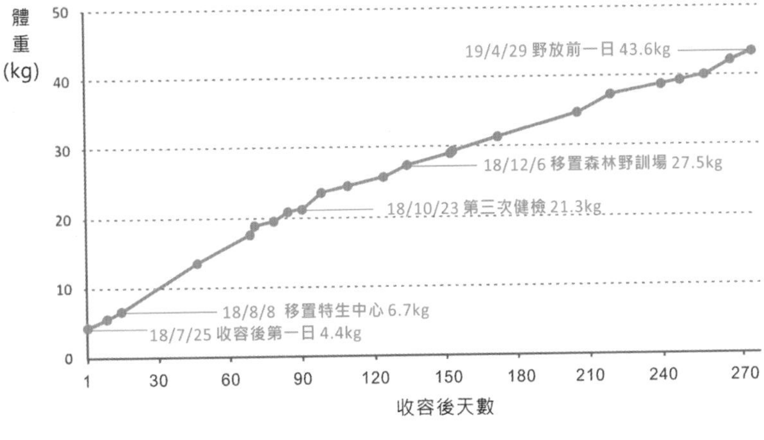

對於溫暖的渴望，我只能遠遠地愛著你

野訓期間，小熊通常僅與野訓人員接觸，小熊逐漸習慣我們的活動，方便我們對牠的照護和觀察，也可減少牠不必要的緊迫，藉以減少對幼獸生長發育的負面干擾。同時，我們也必須讓小熊與我們保持適當的疏遠關係，所以除非必要，否則人員也盡量減少人熊共域的機會並儘量避免與陌生人接觸，以維持小熊的野性。

話雖如此，沒有了媽媽或兄弟姊妹陪伴的小熊在逐漸習慣我們的存在之後，有時也會向我們討拍或邀玩。野外的小熊和母熊會用磨蹭、擁抱等親密的身體接觸來傳達關愛與溫情。小熊曾經跟著熊媽媽生活，或許也瞭解這些肢體語言，因此有時不免會對研究人員透露出無辜的眼神，或走進我們，輕巧地伸出前掌扒抓人的褲管，有時就在我們面前打滾玩耍自嗨了起來。但野訓人員的守則之一便是不可碰觸小熊，避免不必要的互動和制約行為。我們不難瞭解小熊寂寞和想要溫暖的行為意圖，但為了牠日後回歸山林的必要條件——「保持野性」，我們還是需要忍住，避免和牠產生過多的連結和接觸。這並不是件容易的事！

「過年時媬姆還特地包了紅包給我呢！」

導師：「小熊，有事嗎？這樣的距離太近了喔！」

台灣黑熊保育協會是怎樣的一個組織？

台灣黑熊保育協會是全世界第一個，也是唯一一個專門致力於保育瀕臨絕種台灣黑熊而設置的非營利民間組織。二〇一〇年成立以來，在社會各界的協助下，不僅陸續完成國內北、中、南、東各區的黑熊保育大使培訓、「黑熊探險家」特展，以及四百場以上的到校解說等各式宣導活動。協會與許多企業和政府單位合作，充分發揮「研究、教育、公益」垂直整合的效益，深化民眾對這類台灣野生住民的認識，並激發生命尊重和瀕危物種保育的決心。

二〇一七年初，協會啟動「有熊國門戶發展計畫」，並在花蓮縣玉里鎮設置民間自籌的「東部台灣黑熊教育館」，並於二〇一九年設置「夢想台灣黑熊藝術館」。協會讓台灣黑熊由一個生冷的物種名詞到如今全國皆知的吉祥國寶，期盼有朝一日能夠讓象徵台灣山林生態系的完整性和生物多樣性的黑熊可以從瀕臨絕種的保育類名單中除名。瀕危物種的未來繫於全民的承諾和參與，而保育行動則必須是現在！歡迎大家一起共襄盛舉。協會宗旨：

一、積極鼓勵和從事台灣黑熊相關研究，提高野外族群存續力。

二、強化熊類保育的教育宣導和諮詢，提升民眾之關注和行動。

三、促進國際合作和交流，提升各地區熊類之保育水準。

四、配合或協助企業，成全在地瀕危野生動物保育使命。

五、與國際接軌跨區跨業合作，執行跨物種保育活動。

Taiwan Black Bear
台灣黑熊保育協會
Conservation Association

第二章

我們都是「熊褓姆」！

南安小熊落難人間，觸發了台灣民眾愛護野生動物的意識與心意，像是漣漪一般，從野訓團隊、花蓮卓溪鄉當地的熱心原住民民眾、林務局等相關管理單位，層層擴散。照養期間所需的龐大經費，最後由非營利的民間組織台灣黑熊保育協會發動網路平台集資活動，「讓小熊回家，小熊野放計畫」，由全民共同參與。

雖然一般民眾與小熊之間的距離，非常遙遠，但藉由各方的愛心，涓滴細流，匯聚成海。期間更有法國攝影師吉米（Jimmy Beunardeau），再次遠道而來，拍攝小熊與台灣的野生動物，並在巴黎舉辦義賣攝影展，為的就是支持台灣的野生動物保育，並讓世界看得到台灣的努力。台灣黑熊保育協會也透過一系列的宣導短片和臉書的網路平台，持續與國人分享小熊的近況，甚至集資分享會，同時提供野放和台灣黑熊生態習性的相關專業資訊，讓民眾隨著小熊的成長和「上學去」，而扎扎實實上了一堂台灣黑熊保育的課程。透過這樣的參與，小熊漸漸成了大家共同的孩子，不分海內外，大家都成了小熊的褓姆！

「讓小熊回家」全民集資活動

照養期間所需的龐大經費，由台灣黑熊保育協會於二〇一八年十一月五日發動網路平台集資活動，由全民共同參與。希望藉由南安小熊妹仔讓國人認識山林的守護者——台灣黑熊，進而熱愛山林、保護山林。這項集資活動符合了二〇一二年「台灣黑熊保育行動綱領」的願景。也就是「確保台灣黑熊在自然環境內永遠存在，保有自然的棲息地以及可存續的族群。」這不僅是協會致力的目標，也是小熊妹仔來去人間所擔負的使命。

四十二天內總計兩千四百〇三人參與，募集經費四百多萬（4,530,950）元。經費主要用於小熊的照養與醫療，再其次是野化訓練、觀察記錄與資訊分析等經費，同時也撥出一定比例預算製作小熊相關贈品來回饋集資者。一般民眾雖無法親自參與小熊的照養，但卻藉由集資活動，人人都可以是熊褓姆。

更有彰化縣秀水國小與台北市萬福國小的學生，發起義賣活動，利用自己的時間與熱情，繪製海報，宣導保育概念，將義賣所得捐贈給台灣黑熊保育協會。小學生的主動用心，便如同一顆一顆的種子，透過共同參與，將保育意識慢慢地擴散出去。

台灣黑熊保育協會發動小熊回家網路集資計畫。

彰化縣秀水國小的小朋友，
發動義賣幫助小熊回家。

《小熊野果募集計畫》

團隊接手照養小熊的任務之後，我於九月在自己的臉書上發動《小熊野果募集計畫》。有些餵食食物的確可以直接在市場上買就可以了，但市場上的多為甜度和適口性高的蔬果，很容易讓牠嘴刁了，俗稱「歪嘴雞」（台語）。況且這些市場上的食物很多與小熊日後返回森林之後，會面對的野外食物有很大的不同。野果雖然可委請專人上山採集，但預期效率恐不高，且種類也有限。為此，我希望透過鼓勵民眾的小小動作，「合法餵食」小熊，每個人都可一起參與黑熊保育。

透過民眾協力收集小熊野訓所需的食物，我也藉此機會讓大家瞭解台灣黑熊的食性，以及覓食行為等生態習性。我提供了八大頁關於亞洲黑熊的植物食譜，高達四百多種的名錄，當然包括台灣野外和圈養黑熊的植物種類清單，做為有興趣協助小熊集果的基本參考。

有興趣參與的民眾得事先私訊我，以確認捐贈食物符合計畫所需。我們募集了很多熱心民眾寄贈的各式野果、蔬果，作為小熊的部分食物來源。我不鼓勵民眾花錢去購買經濟作物，反之，歡迎自家栽種的有機或無農藥殘留，或是賣相不佳而無法銷售的蔬果，這樣也達到惜物和善用資源的目的。有的則是自路邊或校園採集，或是漫步偶遇撿拾的，我也提醒民眾不要過分採摘野果，採摘失當可能危害林木本身，因為野果（如櫟實）同時也是很多其他野生動物的食物來源，因此適當收集或採摘所需的量即可。

小熊的伙食供應，除了民間之外，另一個供應鏈是林務局各地方林管處。我們總共收到一百三十一件次包裹，每次通常是一大箱，甚或數箱。其中林務局單位和民眾分別捐贈三十五次（二十七%）和九十六次（七十三%），可見來自民間的具體參與心力不容小覷。這些食物一共一百六十種，有半數以上是原生植物（五十九%），其他則屬經濟作物（三十一%）、景觀園藝等其他植物（九%），以及少數的動物性食物（二%，如雞蛋和蜂箱）。

參與的民眾共計五十三位，每位民眾寄件次數從一到七次不等，其中有三分之一的民眾有連續多次寄送的紀錄，但卻未曾有人使用貨到付款的郵寄方式。參與民眾從個人發心，到一家人共同參與、老師帶學生，乃至呼朋引伴、號召親朋好友共襄盛舉的都有，不分老幼（包括四到八十四歲的妹仔鐵粉團）。民眾寄來的種類繁多，從箭竹筍、桂竹筍、櫟實、高麗菜、山櫻花果、柳丁、橘子、甜柿、牛番茄，甚至收到一整箱的蜜蜂／蜂蜜、小熊1歲的生日台東小朋友一起採集台東火刺木。

民眾寄來的火筒樹、 菠蘿蜜、錫蘭橄欖、酒瓶椰子、月橘。

蛋糕。

林務局所屬各林管處或工作站寄來的包裹涵蓋花蓮、台東、東勢、南投四個林管處，以及玉里、新城、萬榮、南華、鞍馬山、麗陽站、埔里等工作站。這些食物都是工作站巡護人員上山時於轄區採集的當季樹頭鮮。

愛屋及烏，寒冬送暖

好笑的是，有民眾在寄給我們小熊食物的包裹上，收件人欄乾脆標示著「南安小黑熊 收」，讓送貨員還特別詢問這是誰。後來民眾愛屋及烏，連「熊麻雞」的食物也一起寄贈，分享伙食。當然，民眾也經常會在包裹中特地註記要給野訓團隊的零嘴或點心，如自製的薑母糖、杏仁糖、水果醋、地方名產，以及乖乖一大箱等，有時還會附上問候祝福的短箋或卡片。《小熊野果募集計畫》飽含了民眾滿滿的愛心，這些食物一起養大了小熊，也溫暖了野訓團隊夥伴們的心。例如，竹山雞農每月定期寄來放牧雞蛋「森林蛋」二箱（每箱二十四顆），指明一箱給小熊，一箱給野訓人員加菜。託小熊的福，我們也因此吃了不少甜頭。

歲末年冬，山上冷颼颼的。我們分別收到花蓮吉安和鳳林寄來的兩大箱有小朋友贈送小點心給小熊媬姆的留言。

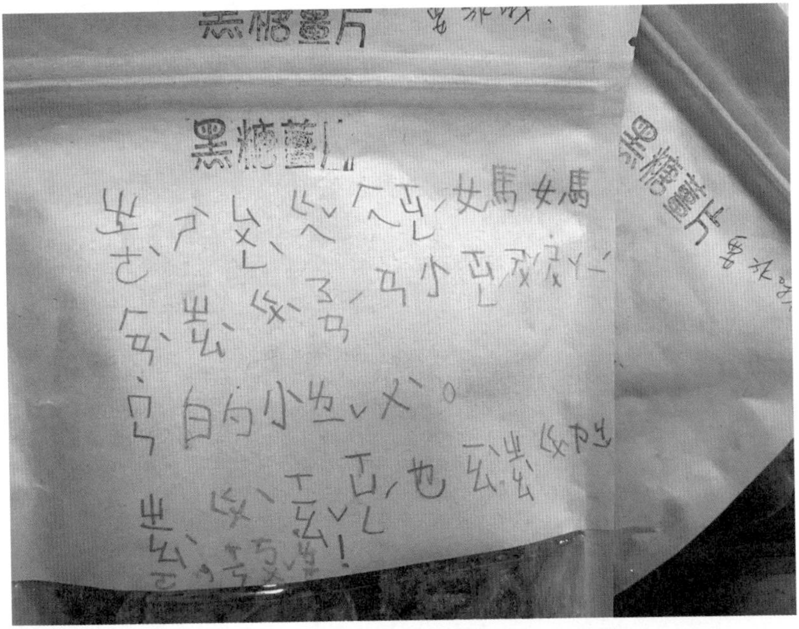

民眾捐贈的栽種獼猴桃與果醬。

機蔬菜，一箱是來自明淳有機農場的高麗菜。另一箱，嘿，全都用姑婆芋葉費心一一包裹起來，寄件人巧玲還加上一個標籤紙註明蔬菜名稱，真是讓野訓團隊大開眼界，收件欄備註「給照顧團隊加菜（人吃）」，怎麼這麼感心呀！天冷煮火鍋，剛剛好！（二〇一九年一月二十九日）

熱心的朋友們不約而同在年節前陸續寄來小熊妹仔的伙食。謝謝「樸野農園」的一大箱蔬果，高麗菜、甘蔗、玉米筍……，這下竟連「熊麻雞」的份也都算在內了，真貼心呀！感謝贊助商：狗狗愛漂亮的老闆娘小逸、洄稻佳里、春不老有機農場。（二〇一九年一月三十一日）

小熊進中學的開學見面禮——蜂蜜

我以前曾向屏科大校友陳啟文買過蜂蜜，這回他一聽到我在為小熊野訓尋找蜂箱，就立馬聯繫我，還堅持不收費。啟文三代都是蜂農，今利用預計要淘汰的蜂箱（小號，應我要求），組裝第一箱蜂蜜要送小熊，訓練「吃蜜」技能。

就是這麼巧，果園就在研究站附近，都是本校企管系校友的夫妻倆就直接開車上山送蜜了。順道，還送了一大籃剛採的橘子！

陳太太問：「我們都很擔心小熊被蜜蜂叮，牠不怕蜜蜂嗎？」我問：「妳先生手臂上都是被蜜蜂叮過的疤痕，人被盯沒事嗎？」所有人都哈哈大笑。

謝謝啟文家人和小孩送來的自家蜂蠟和NG橘子。這次我匆匆上山沒採買，就當我部分糧餐囉！小熊別介意，牠哪吃得完，我幫忙吃幾顆，也不算偷牠食物，這叫「惜物」，同甘苦呀！

山櫻花果冰

台中林淑芬小姐親自上山採摘山櫻花果實，一顆顆小小的果實，採上一大袋，十幾斤，要花多少耐心呀！山櫻花果實也是野外台灣黑熊春季在山上的樹上佳餚。小熊森林野訓場裡也有，但還沒紅透就被小熊爬樹折枝吃個精光了。這包裹送到手上時，果實熟透，但恐在送上山給小熊

提供蜂箱的熱心民眾。（陳啟文和孩子）

之前就變成果汁了，遂先冰鎮處理，這樣一來，每天都有一杯山櫻花果冰了。（二〇一九年四月二十日）

「1」歲生日快樂

滿滿四大箱食物，也有小熊生日蛋糕擺盤照片，也有給人吃的「黑熊」生日蛋糕。店家說：「這熊，好像是牠的親人。」謝謝烏希和親友團，並感謝「回到家」鹿野小農的水果玉米；主婦聯盟姊妹班的班員帶來一大罐的蜂蜜、甜菜根、栗子南瓜；雲林已央町農場提供的皇帝豆；森活牧場森林蛋；太巴塱 ina 的箭筍；桑天牛農場的無花果。還有鐵粉團其他成員摘來的香椿、皇宮菜、蘋果、堅果，最後還手捏了石虎米沾上太麻里 VuVu 寄來的藜麥和太巴塱 ina 的紅糯米做成了「1」字，祝賀妹仔1歲生日，擺盤完成！（二〇一九年四月二十日）

圖片提供／烏希

以攝影為動物發聲——吉米．伯納多

二〇一六年法國攝影師吉米．伯納多（Jimmy Beunardeau），告訴我他在網路上看到有關我的一段影片，當下深受觸動，便寫信給我。「你好，我是一個法國攝影師，將住在台灣六個月。我知道你正在研究黑熊，並為牠們請命和推廣宣傳，我認為你做的事很了不起……所以我想把我的專業好好用來協助台灣黑熊的保育工作，如拍攝照片（或許是一份報告），以提高人們對黑熊保育的意識。」

一開始我聽到吉米想見我，我的反應是：「什麼？不需要吧！」台灣黑熊的數量與台灣地形特色，很難看到野生黑熊，非常不利於拍攝，很可能等了老半天拍不到一隻熊。但在吉米的堅持下，我被他的誠意感動，於是邀請他到我學校的收容中心當志工，藉此瞭解台灣動物救援的狀況。吉米就此展開了首次台灣的旅程，之後他的足跡遍布全台，不僅記錄台灣美麗的風景，也到屏東保育類野生動物收容中心擔任志工，並為受傷或受困的野生動物拍攝照片。二〇一七年在台灣舉辦「動物的凝視」攝影連展，他表示：「動物的眼睛是有靈性的，令人不忍卒睹又無法移開。我希望人們能從這些眼神中，去同理牠們的感

吉米在巴黎擺攤義賣攝影作品。

收容中心裡的黑熊。
攝影／ Jimmy Beunardeau

受、體會被迫離開棲地的鬱悶與悲哀，畢竟牠們天生應該活在野外。期待這次的展覽，能喚起人們的仁慈與謙卑。」

二〇一九年二月，法國「為瀕危物種發聲」組織（AVES France）響應國際拯救熊日，在巴黎策劃活動，吉米也響應了活動，攤位中擺設了在台灣的攝影作品並義賣，收益三萬六千台幣（1041.5 歐元）全數捐贈給台灣黑熊保育協會，作為贊助南安小熊回家的保育基金。謝謝吉米讓世界看見台灣野生動物的美，以及我們為保育所做的努力。

一位法國攝影師，因為台灣黑熊，遠道而來，用他的雙眼、他的相機，記錄了野生動物的身影，為我們的野生動物保育盡一份心力。

尋找藏在田裡的黑寶——串起環境共好價值的黑熊彩繪田計畫

瀕危物種的保育除了須持續的科學研究為基礎之外，如何提升民眾的保育意識更是不可或缺。為此，台灣黑熊保育協會於二〇一七年在台灣黑熊重要棲息地的入口門戶（玉里鎮及卓溪鄉），打造以黑熊為主題的環境教育基地——東部台灣黑熊教育館。今年（二〇一九）協會進一步與社會企業「元沛農坊」

攜手，接棒玉里鎮公所歷時三年的黑熊彩繪田計畫，且以「無毒耕種，環境友善」的理念，提升黑熊彩繪田的環境守護理念。這將是探索如何讓鄰近黑熊棲地的經濟模式進行典範移轉的嘗試，以降低對山林經濟（如狩獵、採集珍稀動植物等）的依賴，讓經濟模式有新的可能發展。

透過元沛農坊的無毒栽種技術引入，並由玉里鎮公所媒合在地知名青農「小劍劍」—謝銘健先生，以具有黑色葉子的特殊稻種「花蓮23號」、花蓮特色香米「台梗4號」，以及透過農試所技轉，具有白色葉子（因缺乏葉綠素）的特殊觀賞用稻，將台灣黑熊協會的吉祥物「黑寶」圖樣呈現在稻田上。

這片「黑熊田」對於台灣黑熊保育協會的價值，是一項重要的「里山倡議」試驗。透過科學化的方法，倡議合理化施肥、搭配光合菌（沼澤紅假單孢菌）的輔助，再加上 IoT（Internet of Thing）技術為基礎的氣象站自動記錄天候，協助農民耕作，探索新的智慧農業生產模式，同時兼顧了社會大眾對於食安的訴求。在無毒的耕作過程中，我們看見了各種動物在田間棲息，如燕子、鶺鴒、雁鴨、眼鏡蛇、南蛇等動

攝影／李東泰校長

物，立即驗證了友善農耕對於動物棲地補償的價值。為降低人與動物的可能衝突，如毒蛇，田埂中還插置驅蛇棒（蛇類可感受到 400-1000Hz 的震動）驅趕蛇類，以達成兼具食安和動物守護的目標。

此外，黑熊彩繪田的耕作也吸引了在地居民，以及外來觀光客的目光。到玉里享受好山好水的同時，不忘到彩繪田和田中黑熊合照，並到附近的東部台灣黑熊教育館中瞭解黑熊保育的相關知識，豐富了玉里當地的教育資源和觀光養分。一片彩繪田的引入，讓我們看見觀光產業、友善農耕以及黑熊保育教育的價值可以三者融合。未來是否可以真的促成當地的產業結構轉型，打造一個可兼具野生動物保育的新經濟模式，共譜一個「以生態守護為價值」的地方創生模式，用以打造動物保育的典範，則是我們心中的盼望，也是未來公益行動的目標。

張碩軒

曾任屏科大保育類野生動物收容中心照養員。擔任南安小熊後期的照養人員，負責每日餵食、清掃、環境豐富化、影像紀錄、行為紀錄、取食測試。

李文馨

曾任屏科大保育類野生動物收容中心獸醫助理。擔任南安小熊初期的照養人員，負責每日餵食、清掃、環境豐富化、影像紀錄、行為紀錄、取食測試。

吳珈瑩

台大臨床動物醫學研究所碩士，現任桃園市野鳥學會野生動物救護站獸醫師。擔任短期的照養人員。

南安小熊照養團隊

黃美秀

屏東科技大學野生動物保育研究所副教授、國際熊類研究暨經營管理協會副理事長。南安小熊野訓計畫的「班導」，統籌小熊野訓及野放的策略規劃和執行。

張鈞皓

獸醫師，研究所期間以獸醫師身分支援台灣黑熊繫放研究，自此走入森林、踏上熊徑。團隊中擔任南安小熊長期的照養人員兼獸醫師。

江宜倫

曾任金門縣野生動物救援暨保育協會獸醫師。於團隊中擔任南安小熊長期的照養人員兼獸醫師，協助小熊日常照養與維護小熊健康。

Q&A

我能為台灣黑熊做甚麼？

一、不使用、不消費各種熊類產製品，如熊膽、熊掌等。

二、不買賣野生動物產製品，遏止山產商業化。沒有買賣，沒有殺戮。

三、瞭解台灣黑熊的生態習性，以及遇到熊的因應對策，並落實「無痕山林」，做個受森林歡迎的客人。

四、隨時隨地皆可向人分享台灣黑熊和相關保育資訊，提升國人保育水準。

五、配合有熊出沒通報系統登錄。若有任何熊的目擊或痕跡，甚至熊受傷和死亡等資料立即通知相關管理單位（林務局），或台灣黑熊保育協會。

六、若遇非法野生動物買賣或狩獵活動，請立即通報和檢舉。

七、若有需要，請盡量購買保育類公益團體的製品，或是捐款給相關非營利民間組織，如台灣黑熊保育協會。

八、尊重和復甦原住民族與大自然共榮共生的傳統生態智慧和文化。

九、善用選票並選擇注重生態保育的民意代表，協力為弱勢的受威脅野生動物和生態保育發聲，並要求立法院明訂經費比例復育瀕臨絕種動植物。

十、督促保育相關管理單位善盡職責，以前瞻的格局積極推動保育，並提升保育所需的各項資源。

十一、行有餘力，擔任保育志工，為弱勢的野生動物族群服務。

十二、總有您做得到的事，因為每一個人都可以用自己的方式關心保育。

第三章

認識台灣黑熊

攝影／Jimmy Beunardeau

胸前V字形胸斑的黑熊廣泛分布於亞洲十八個國家，名稱「亞洲黑熊」（學名：*Ursus thibetanus*），共計七個亞種，其中居住在台灣島上的，就是我們熟知的「台灣黑熊」。簡單來說，台灣黑熊就是亞洲黑熊的「台灣限定」，在分類上有別於外觀近似但分布在日本本州和九州的「日本黑熊」，或分布在尼泊爾、印度、不丹、越南等地的「西藏黑熊」。

台灣黑熊是台灣唯一的原生熊類，起源大概得從冰河時期開始說起。由於最後一次酷寒的冰河時期大概在一萬多年前結束，氣候變得溫暖而使冰河融化、海平面上升，台灣島與歐亞大陸因此被海洋隔離，原先活動在島上的黑熊因此無法越過台灣海峽，這些黑熊自此之後獨立演化。

在科學上，台灣黑熊的正式名稱由來應該得歸功於羅勃．史溫侯（Robert Swinhoe）。他是英國駐台的首任領事，也是台灣博物學史上的著名研究者。聽說他曾於蘇澳附近取得熊掌及一頂由熊皮做成的帽子，之後根據熊掌和毛皮的部分特徵，暫將學名定為*U. thibetanus formosanus*（一八六四年）。只不過目前學界仍沒有足夠的科學證據完整地說明台灣黑熊與其他地區的亞洲黑熊之間的遺傳或外型的差異。畢竟，亞種在生物學上一直也是相當鬆散且應用過度的分類單位，因為亞種的隨意認定和爭議在熊類經常可見，體型花色的變化和基因分析結果也不見得一致。

暱稱「狗熊」

台灣黑熊體型粗壯，是台灣陸地上最大的食肉目動物。具有如「米老鼠」般的又大又圓耳朵一對。相對於壯碩的身軀，粗壯的脖子，大大的頭卻有深色的小眼睛，結實的四肢，並有沉著有力的腳掌，臀圓而尾短，尾巴通常不超過十公分。吻鼻部延長而貌似狗，所以又常被本地人稱為「狗熊」。

台灣黑熊成體體全長（吻端至尾部）約為一百二十到一百八十公分，雌性六十到一百一十公斤，雄性七十到一百五十公斤。一般成年雄性約為雌性的一點五倍大，但雌雄判斷在野外環境下實則不易分辨。

和人類一樣，台灣黑熊可以整個腳掌著地站立，

腳掌約為成人手掌大小，以負荷身體的重量。熊前、後肢皆有五根趾頭，爪長而彎可達五公分，故爬樹時常在樹幹上留下深刻的爪痕。但不同於貓科動物，熊爪不能縮回。腳掌的前、後肉墊上並沒有毛髮分開，但與腳趾墊間則有毛髮隔開。前腳墊略成方形，長十至十四公分；後腳墊呈倒銳角三角形，長十一至十九分。另外，一般最常被民眾誤認為是熊腳印的常為大型犬，狗只有四趾，且腳掌墊偏三角形，前緣單峰，後緣三峰。

黑熊上、下頷各六顆門齒、兩顆犬齒、八顆前臼齒，以及上四顆和下六顆的臼齒。犬齒大而堅固，是食肉動物的標準款式，具有戰鬥（或威嚇），以及獵殺和撕咬獵物的功能。前臼齒小，幾乎沒有咀嚼功能。臼齒及前臼齒的構造則像人或其他雜食動物，可咀嚼和研磨食物纖維。

註冊商標——V字型新月胸斑

台灣黑熊全身烏黑，被覆粗糙但具光澤的黑色毛髮，毛髮粗細如人，接近頭部附近的頸部毛髮尤長，可超過十公分，有時甚至延伸到臉頰。如同其他地區的亞洲黑熊，牠們最大的特徵便是胸前淡黃色或乳白色的V字型斑紋，由於斑紋形狀似新月，故亦有「月熊」的稱呼。但這斑紋形狀和顏色有時會隨個體

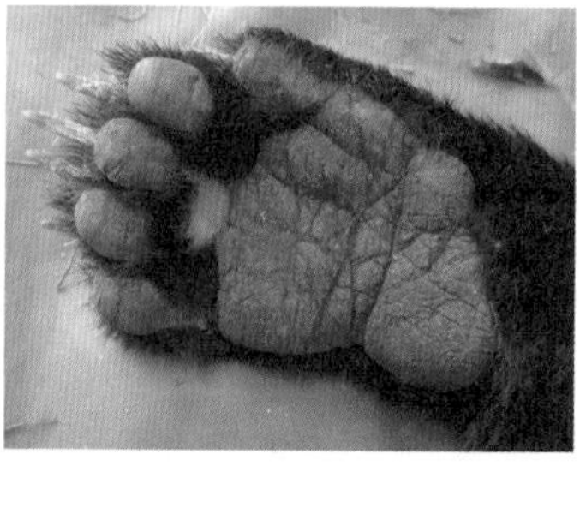

熊前腳掌。

而異，有些研究者甚至以此做為個體辨識的依據。牠們在身上其他部位有時也會有小撮白毛，包括嘴巴前端的下頜部，以及腳掌墊和腳趾之間。

台灣黑熊都住在哪裡呢？

台灣黑熊為標準的森林性動物，移動能力強且活動範圍廣大，反應機警且行蹤隱密，居無定所，哪裡有食物就會往哪裡去，加上目前族群數量稀少，對人類干擾敏感，因此要掌握黑熊出沒的資料並不容易。

研究團隊自二〇〇六年起透過有系統的調查，收集計算出一千〇十七筆黑熊點位資料，以此繪製出台灣黑熊的分布地圖。

資料來源包括以下三種。一、訪查：利用問卷或訪談調查經常在山區活動的原住民、林業工作人員和登山客等，是否曾目擊黑熊的腳印、爪痕、排遺、食痕和熊窩等痕跡。二、沿線痕跡調查：研究團隊以三年時間，縱橫本島人煙罕至的二十處山區調查，沿途觀察了兩百三十六筆黑熊的痕跡。三、文獻彙整：蒐集其他研究調查報告中有關黑熊的各式資料，如自動相機拍攝到熊的點位、無線電追蹤定位點、個體捕捉繫放，甚或狩獵熊的地點。

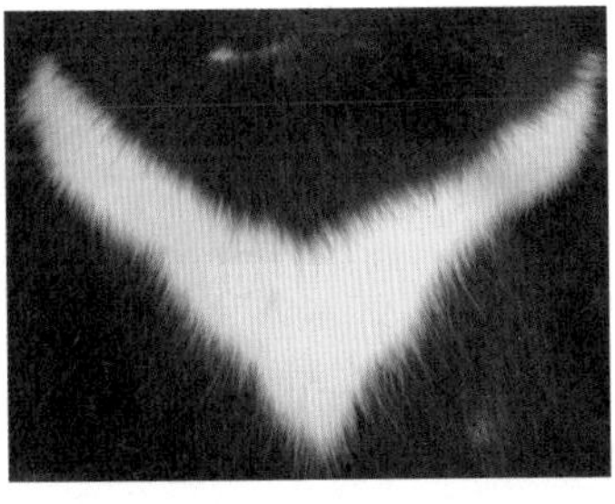

V字領。

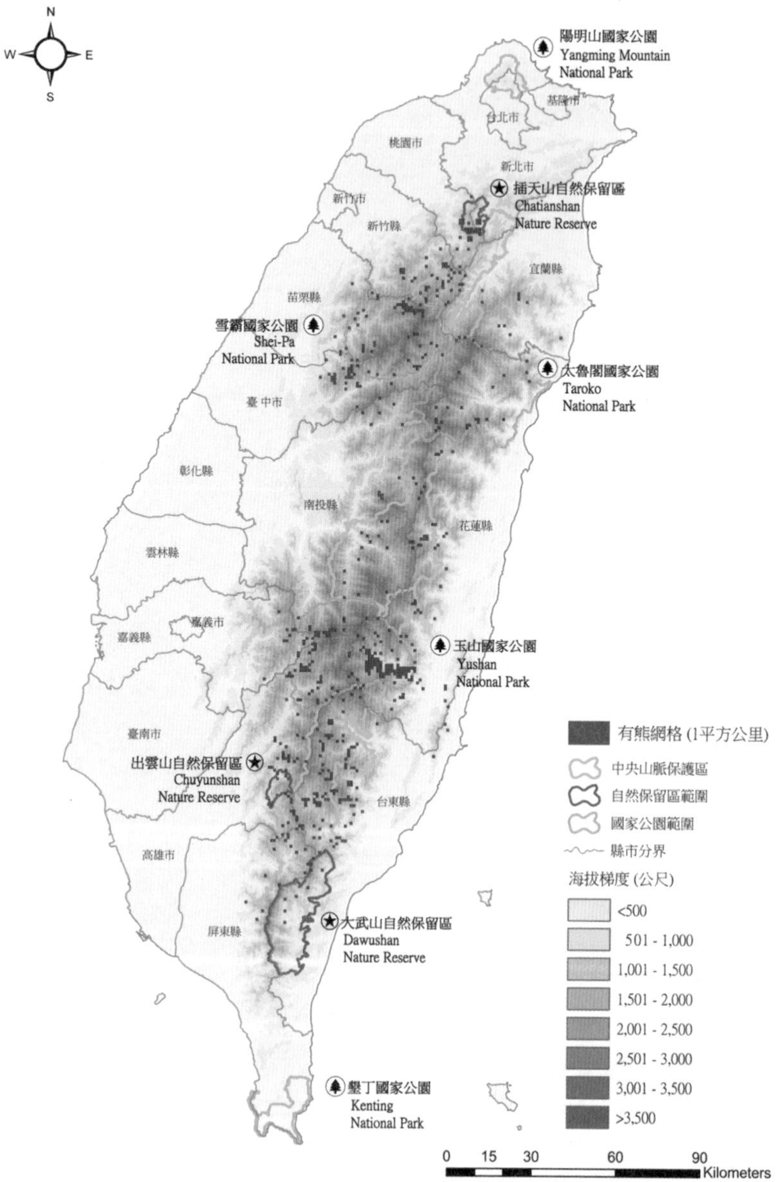
N
W
E
S
陽明山國家公園
Yangming Mountain
National Park
基隆市
台北市
桃園市
新北市
插天山自然保留區
Chatianshan
Nature Reserve
新竹市
新竹縣
宜蘭縣
苗栗縣
雪霸國家公園
Shei-Pa
National Park
太魯閣國家公園
Taroko
National Park
臺中市
彰化縣
南投縣
花蓮縣
雲林縣
嘉義市
嘉義縣
玉山國家公園
Yushan
National Park
臺南市
出雲山自然保留區
Chuyunshan
Nature Reserve
台東縣
高雄市
大武山自然保留區
Dawushan
Nature Reserve
屏東縣
墾丁國家公園
Kenting
National Park
有熊網格 (1平方公里)
中央山脈保護區
自然保留區範圍
國家公園範圍
縣市分界
海拔梯度 (公尺)
<500
501 - 1,000
1,001 - 1,500
1,501 - 2,000
2,001 - 2,500
2,501 - 3,000
3,001 - 3,500
>3,500
0 15 30 60 90
Kilometers

台灣黑熊出沒（目擊及痕跡）分布圖。

根據日治時期的文獻紀錄，早期台灣黑熊曾廣泛分布在海拔一百公尺以上的森林地帶。但近年（二〇〇〇至二〇一〇年）來的資料卻顯示，黑熊目前主要集中於人跡罕至的保護區和國有林，預測分布範圍為本島面積之二十三％。

分布以中央山脈為主

就台灣黑熊分布圖來看，有熊紀錄主要分布於中央山脈，但海岸山脈也有極為零星的分布，最北在新北市與桃園市交界的南、北插天山區，南界則位於屏東縣南、北大武山區域。目前全島沒有熊跡的地區為台北、基隆、彰化、雲林和台南等縣市。

迴避低海拔區域

台灣黑熊出沒的海拔，目前最低紀錄為二百七十公尺，位於玉山國家公園外側東南方兩公里拉庫拉庫溪鹿鳴橋下發現的熊腳印；最高目擊海拔紀錄則是三千七百公尺的圓峰附近，這也是唯一一筆超過海拔三千五百公尺的目擊紀錄。

根據電腦模擬預測台灣黑熊的分布圖顯示，黑熊主要分布於海拔一千到兩

一千到二千五百公尺的森林是台灣黑熊的主要棲息地。

千公尺（占五十五%），其次是兩千到三千公尺山區（占三十八%），一千公尺以下山區為四%，而三千公尺以上高山地區僅有三%。熊明顯迴避海拔一千公尺以下的低海拔地區，這應該與此區面臨較大的開發壓力，自然棲地與食物資源大幅減少，以及持續增加的人為干擾有關。中海拔山區由於氣候溫和，年平均溫約攝氏十至二十度，加上樟科及殼斗科植物豐富，這兩類植物的果實分別提供了黑熊在夏季和秋冬季的主食，因此若沒有太多的人為干擾，自然成為黑熊偏好的棲息環境。此外，模擬結果也發現，黑熊的活動會遠離道路，而且對於闊葉林、針闊葉混合林以及河岸地區皆有較高的利用程度。

值得注意的是，在全島的黑熊痕跡調查中，玉山國家公園以南至延平鄉內本鹿之調查區域所發現的熊痕跡占全數的九十一%，遠甚於中、北部地區。另在高山型國家公園的調查中，亦有相似的趨勢，玉山國

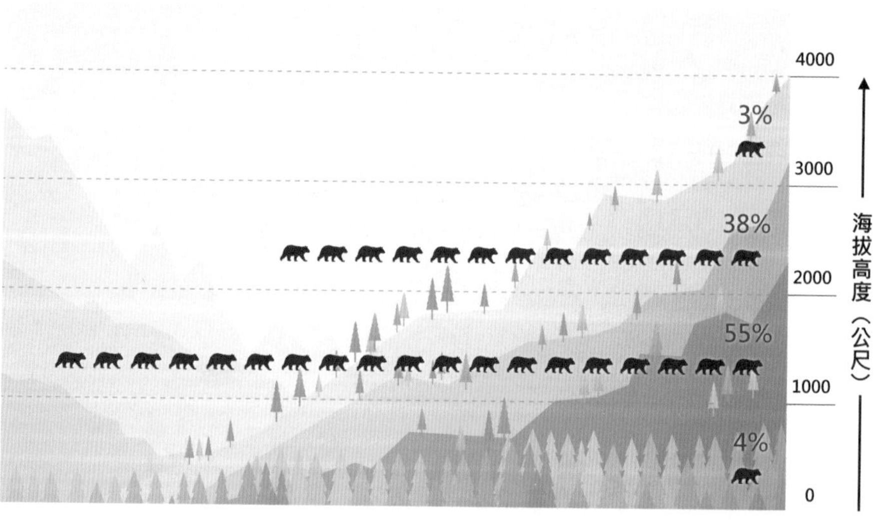

台灣黑熊於不同海拔梯度百分比例分布圖。

家公園的熊痕跡密度為4.3筆／公頃，遠高於北部的雪霸國家公園（0.56筆／公頃）和太魯閣國家公園（0.07筆／公頃）。這些數據若和其他東南亞地區（如泰國、寮國等）的研究相較，則發現台灣黑熊密度明顯偏低。

熊吃什麼？

身為台灣最大型的食肉目動物，但其實黑熊可不只吃肉，而是標準的雜食性動物，並以植物為主食。牠們是機會主義覓食者，但可也是精打細算。選擇什麼東西吃除了受到食物養分含量、消化率和適口性影響之外，也與食物的豐富度和可取得程度有關，以期用最省力或最短的時間攝取最大的能量。

八十%以上的食物來自於植物

野外台灣黑熊超過八十%的食物來自於植物，取食的植物種類和部位繁多，包括根、莖、葉、花與果實。我們甚至曾目睹黑熊啃食一般被視為有毒植物的咬人貓，以及姑婆芋的莖葉和果實，可見牠們對於食物的接受度相當廣泛。隨著四季的更迭，黑熊在森林裡的菜單也隨之變換。

鬼櫟

呂宋莢蒾

青剛櫟

森氏櫟

狹葉櫟

假長葉楠

錐果櫟

台灣獼猴桃

在台灣低、中海拔的山區，分別以樟科和殼斗科為組成森林的優勢樹種，這些植物的果實自然成為黑熊於夏季、秋冬季的主要食物來源。夏季，常見黑熊取食的樟科的果實，如香楠、台灣肉桂和各種木薑子等。秋冬季則轉為殼斗科植物的果實，這些堅果一般稱為橡實（櫟實），營養豐富，是黑熊和許多其他動物的累積脂肪的優質食物。黑熊常食用的堅果為青剛櫟、鬼櫟、森氏櫟、狹葉櫟、錐果櫟、高山櫟等。另外，黑熊也會食用台灣胡桃。

此外，各種季節性的多汁漿果也都是黑熊的目標物，如懸鈎子、山枇杷、台灣蘋果、呂宋莢蒾、山櫻花、台東柿、台灣獼猴桃、灰木、越橘、牛奶榕等植物。但在果實較為缺乏的時候，如春季，黑熊則「吃草」較多，取食植物鮮嫩的莖葉，如颱風草、鳥巢蕨，箭竹筍，山芋等。

最常捕食山羌與山羊

當植物性食物短缺時，台灣黑熊會增加捕食有蹄類獵物的機會，最常見的首推山羌，其次是野山羊（又稱長鬃山羊）。至於較大型的獵物如水鹿和野豬，也曾在黑熊排遺內發現，推測可能多為取食腐肉，或捕獵較孱弱的個體所致。但我們曾在森林中發現新鮮且健壯的水鹿屍體被熊啃食，訪查也曾有黑熊

山羌

水鹿

長鬃山羊

山豬（圖片提供／吳幸如）

中國蜂／蜂蜜

鷄母蟲（甲蟲幼蟲）

追逐水鹿的紀錄，可見只要有合適的機會，或許也是值得一試。

較小的昆蟲，如螞蟻、白蟻、甲蟲和其幼蟲也都是黑熊的食物來源。甜食一向對於黑熊具有難以抗拒的魔力，如蜂蜜。黑熊一旦發現目標物，牠們便會努力不懈地挖掘或搗毀深藏在樹洞內或地面的蜂窩，以取食蜂蜜，當然蜂蛹和蜂蠟也不會放過。這些食物都是提供動物性蛋白質與必要胺基酸的重要來源。

多樣且豐富的食物資源——有熊森林

在消化道的演化適應上，黑熊對於動物性食物還是具有較高的消化率。雖然生理適應可讓熊類於短期內進食大量果實，但考量長期的營養和能量需求而言，黑熊通常會選擇混合進食，以避免缺乏鈣、蛋白質等其他必要養分。因此在夏季果實盛產時，黑熊不僅會採食大量果實，也會設法取食其他無脊椎或哺乳類動物混搭。研究分析野外台灣黑熊排遺裡的食物殘餘，動物性殘骸多半是獸毛、獸骨和昆蟲殘骸。這些排遺中殘骸物的組成隨季節和環境中的食物不同而改變，譬如在殼斗科果實成熟的秋冬季，糞便裡幾乎都是堅果碎屑。顯然地，一個黑熊宜居的環境，多樣且豐富的動、植物性食物皆不可或缺。

熊用鼻子看世界

熊的嗅覺和聽覺比視覺敏銳許多。事實上，牠們的嗅覺遠遠比狗來得靈敏，研究指出熊類的嗅覺可能是所有的哺乳類中最靈敏的，甚至為人類嗅覺的上千倍，因此牠們靠嗅覺找食物而非視覺，並可藉此辨識其他個體的狀況。在近距離時，除了嗅覺之外，還輔以視覺定位，並能簡單地辨別顏色。熊的視覺雖不如靈長類佳，但仍能靠顏色辨認搜索水果。儘管如此，熊還是能在黑暗中移動和搜尋，夜視能力不佳，所以極度倚重嗅覺和觸覺。

神奇的繁殖策略

野外台灣黑熊尚無明確的性成熟年齡資訊，但根據國內圈養的觀察紀錄，有一母熊在三歲時即達到性成熟可以交配；而另一隻母熊二十五歲時，仍然可以繁殖。這樣的觀察與美洲黑熊約於二十五歲停止生育的紀錄相近。公熊的性成熟年紀一般稍晚，推測為四歲。

熊類一般為多夫多妻，母熊可能會陸續與不同公熊交配，公熊也是如此，是故同胎的幼熊有可能為同母異父。母熊的發情期時間為數日至三個星期不等，公熊則會利用氣味尋找發情中的母熊，之後公熊會尾隨母熊數天，待交配結束後，公母熊便會各分東西，回復原先的獨居生活。交配時，公熊會從後方跨騎，用前掌緊抱住母熊的胸部，有時也會大聲吼叫或咬住雌性的頸部。

熊類有誘發排卵的情況，也就是交配行為與排卵同時發生，例如美洲黑熊及亞洲黑熊。這或許有助於解釋雄性陰莖骨的作用，以及與第一隻雄性的交配有較多次且較長的時間。在低密度的族群中，雌性此種誘發排卵的優點在於確保排卵之後可馬上受精。同樣的，對於活動範圍很廣的雄性的好處，則在於能在短期的配對關係內達成授精目的，也讓牠們能與多隻雌性交配。當雌性與非強勢的雄性進行短時間的交配時，可能不會排卵，也讓雌性對於父子關係有較多的控制權。

熊類的繁殖行為十分有趣及奇特，觀察國內圈養的黑熊發現，懷孕的母熊在生產前一至二個月食量劇減，產前一個月行動和反應漸趨緩慢遲鈍，多蜷縮於窩巢，並經常舔自身和乳房，到生產前一至四週時則完全停止進食。母熊分娩後也不吃、不喝、不排糞、不排尿，但會持續泌乳育幼，這般特殊的行為會持續數天至一個多月不等。此時對於環境的動靜具高度警覺性。由於母熊在育幼期間不會發情，因此母熊是隔年才會生殖，也就是說二年繁殖一次。

小熊都是標準的「媽寶」

公熊和母熊交配結束後便各分西東，幼熊由母熊獨自撫育長大，二者關係緊密，台灣黑熊也不例外。台灣黑熊的發情期主要發生於夏季，圈養記錄顯示幼熊出生於十二月底至三月期間。每胎常見一到兩隻，野外觀察偶有三隻幼熊的記錄。理論上，從胚胎到幼仔出生之間的懷孕期長達六到八個月，但台灣黑熊胚胎亦有延遲著床的情況，約五到六個月才著床，因此胚胎真正著床及發育的時間只有兩到三個月左右。這意味著什麼呢？

熊寶寶都是早產兒

幼熊出生時的重量僅有兩百五十到四百克，而人類剛出生嬰兒約三千兩百克。

由於剛出生的幼熊為晚熟型，很多生長發育尚未成熟而極需照護，母熊會尋覓一個安全隱密的穴窟（樹洞或石縫）生產，繁重的育幼工作全由母熊一肩

雙胞胎。

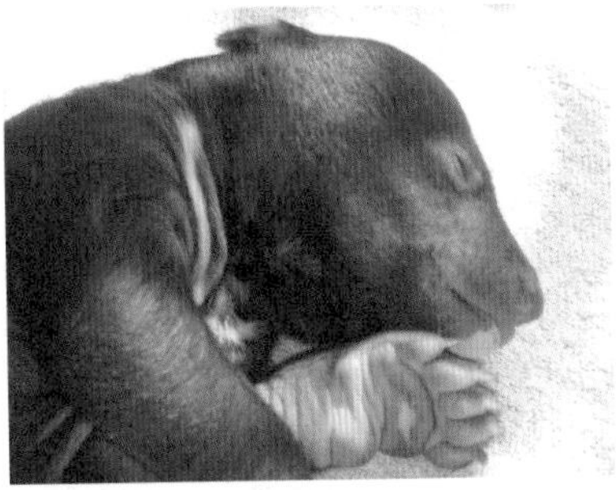
10 天

34 天

44 天

45 天

4 個月

14 個月

扛下。剛出生的幼熊幾乎無毛，極需母熊保溫，眼睛及耳朵幾乎沒有功能。母熊的乳汁含豐富的蛋白質（七％）及脂肪（二十％），脂肪量甚至是牛奶的五倍，足以提供幼熊生長所需。小熊約在八至九個月時斷奶，持續從母熊那裡獲取食物及保護，同時學習生存所需的技能和社交行為。

一歲時離開母熊

在環境狀況良好的情況下（如食物豐富），黑熊每兩年可以生一胎。根據圈養台灣黑熊的成長發育紀錄來看，幼熊約在一個月齡時睜開眼睛；一個半月時可以爬行並冒出牙齒；兩個月時，可以用四肢站立，踏出人生的第一步。三個月時，重達兩到六公斤，可離巢自由活動。幼熊通常到一歲時才離開母熊、自立門戶生活。這也是南安小熊被發現時，估算牠年齡的參考依據。

運動健將十項全能

台灣黑熊的移動能力很強，涉水游泳，善於爬樹，奮力奔跑時可達時速三十至四十公里，相當於輕型摩托車的速度！移動和活動範圍的大小受到重要食物資源的分布和豐富度的影響。以玉山國家公園的大分為例，該區有一大片青剛櫟優勢森林，每當十一、十二月大量結果時，豐富的果實就會吸引很多黑熊前往參加這場「饗宴」。

台灣黑熊全年皆會活動，並不冬眠。牠們一天中約有一半的時間是處於活動狀態，其中夏季和秋季的全日活動百分比例皆顯著高於春季。黑熊晝夜皆會活動，但以白天活動為主，在白天的活動比例（六十七％）顯著大於夜間（四十五％）。當秋冬季節的殼斗科的堅果產量豐富時，黑熊夜間的活動量會增多，提升覓食效能。

跑遍大半個國家公園

台灣黑熊的活動範圍廣泛，利用人造衛星追蹤台灣黑熊的移動路徑發現，個體的年活動範圍為三十至五百五十八平方公里，其中雌性為三十至九十三平方公里，雄性為三十五至五百五十八平方公里。最大的活動範圍紀錄相當於八萬個足球場大小，甚至超過台灣最大國家公園（即玉山國家公園，一千〇三十一平方公里）的一半面積。這也是目前亞洲黑熊活動範圍最大的紀錄。

活動力旺盛，運動力強。

熊窩——台灣黑熊特殊的築巢習性

除了母熊育幼期或交配期之外，台灣黑熊過著獨居生活，沒有固定的居所，常常是走到哪兒就在哪兒休息。但是，台灣黑熊有個特殊的築巢行為，目前還未在其他熊科動物上發現到。牠們會將芒草或灌叢的枝條壓折並編織，做成像碗的形狀，外觀上像是個大鳥巢。熊窩的深度約三十公分，外徑約八十至一百五十公分。熊窩經常被發現於食物豐富的地點或是懸崖峭壁旁，只不過目前其功能仍是個謎。

熊的溝通方式

熊類為獨居型，以往多被認為是食肉目動物中甚少有社交行為的物種，除了母熊育幼期、交配期，和特殊季節聚集在食物資源豐富的地區，才會有較多個體間的互動。儘管如此，牠們仍有許多不同的溝通方式，包括氣味、聲音、身體姿勢、物理或化學的標記物。這些多元的溝通方式顯示，熊類比一般所認知的更社會性，而近期國外的人造衛星追蹤研究也顯示，熊個體之間的互動情

壓折芒草而成的熊窩。

形遠比過去所想像得多！

一隻熊的溝通方式，可能與你家裡的寵物狗沒有什麼不同。熊通過各種肢體語言，發聲和氣味信號傳達信息，用以保持母熊和幼崽的親密關係，尋覓配偶，以及緩解社交緊張情勢。這些訊息透露出支配（優勢）和屈服、敵對或請求。事實上，熊對人的反應，也與牠們對其他熊的反應方式是一樣的。因此，注意熊「說」什麼，應該可以讓人避免掉入不必要的麻煩。熊的行為往往被人誤解，因為人們常常根據自己的恐懼來解釋熊的行為。

熊的行為是可以預測的，當人越瞭解熊和牠們的行為方式，就越能避免不愉快或誤解的互動。經常會有民眾通報在山上聽見熊的聲音，但其實熊不太會「叫」。甚至二隻熊在打鬥時也不太會發出任何聲音，除非雙方陷入非常嚴肅的激戰之中。但是，熊類的確也會發出許多種聲音，在牠們的咽喉旁有一延伸的頰囊，可以作為共鳴之用。熊類會發出一些聲音作為威嚇，或表達不安之用。例如，從嘴巴或鼻子用力呼氣，或是上下排牙齒或上下嘴唇迅速碰觸而發出咯—咯的聲音。當熊威嚇或不安的情緒升高時，還常會伴隨用前掌敲打地面，或拍打、拉扯鄰近的樹枝，發出其他聲響，且作勢往前衝的動作。

氣味也是一隻熊用來和其他熊溝通的方式。來自尿液、糞便和身體的氣味

靈敏的嗅覺。

站立也有虛張聲勢之效。

可以揭示關於這隻熊本身的信息，可以藉此辨識你我，透露性別和年齡，或者發情狀態和可能的情緒。在繁殖季節雄性也可使用尿液宣示主權，吸引雌性的青睞，同時做為對其他雄性的警告。熊也經常用氣味標記樹木來相互溝通，此時牠們常會站立，背靠著樹或其他物體摩擦背部和肩部，甚或頭部。任何通過一棵標記樹的熊幾乎都會停下來聞它，也許會再加上自己的氣味。

熊最被大眾所熟知的印象應該就是二腳如人站立，甚或高舉前肢，但這卻非典型的行為。熊一般都四腳著地，但有時會後腳直立，也可步行一小段距離。站立通常是為了偵測四周環境狀況，有時則是熊在感受到威脅時的舉動，藉此向對方威嚇，虛張聲勢或表示你靠太近了，但這類威嚇鮮少轉變成攻擊行為。

生命的價值——「台灣黑熊有什麼價值？為什麼要保護牠們？」

這個問題並不容易回答，因為「價值」不僅因文化、時間、地域而異，也隨人而不同。尤其是當一個物種在無法以我們熟知的貨幣價值表示時，便無法提供可以令人評斷的直接價值。如此牠們就真的不值錢嗎？

就內在價值而言，任何生命體不論外貌、特質或數量，都有其存在的價值，其價值性與人類可否利用或評價無關。但是這樣的說詞，在現實狀況，並非可廣為人人接納。所以，另就人本中心的價值來看，生物多樣性具有多元價值，包括商品價值（即直接使用價值）、生態服務價值（即間接使用價值）、娛樂價值、美學價值、文化價值、科學和教育價值，以及可以作為審視人類與其他生命間關係的道德價值。由此可見，價值涉及一般人可以理解的經濟學用詞，也就是值多少錢，以及無法用金錢概化的個人偏好和信念的內在價值。

如果熊消失了——台灣黑熊的生態功能

經常有人會問，如果台灣黑熊消失了，台灣的山林生態會有什麼影響嗎？牠們有何生態角色呢？瞭解台灣黑熊在生態體系的功能，不僅有助於加強奠基於單一物種的生物多樣性保育目標，也能保育較高層級的生物群落及生態系多樣性。在生態系上，目前至少可知黑熊至少扮演兩種的角色，可視為「關鍵物種」。一是藉由上而下的調控作用，影響食草性動物對於植物群落的作用；二則是扮演種子傳播者，從而影響森林演替。只要是適合黑熊生存的環境，對其他動物或人類都一樣有益。

食物鏈頂層的掠食者：關鍵物種（Keystone species）

台灣黑熊為台灣陸域生態系統中食物鏈的最上層、最大型的消費者。實際上為雜食性動物，且以植物為主食，但偶蹄類動物也是黑熊的重要食物，尤其在植物性食物供應不足時，牠們會增加獵捕山羌和野山羊等的機會，並偶爾也會取食體型較大的水鹿和野豬。

在自然界，「植物—草食動物」、「草食動物—肉食動物」的系統是密切相關的，且牽涉機制複雜。草食動物以植物體或種子為食，因此草食動物會影響植物群落的組成和結構，此將進一步影響鳥類、哺乳類、昆蟲等其他動物的分布、豐富度以及競爭關係等等。北美洲的棕熊研究便發現，棕熊為麋鹿族群的共同調控者，可使白楊幼樹、柳樹、小灌木等得以生長，增加鳥類的物種豐富度和築巢密度。

黑熊是這些草食類動物的天敵，透過覓食過程產生的實際捕食或威脅，而某種程度抑制獵物的族群數量和行為，進而影響到植物的數量和分布，從而影響其他物種賴以為生的棲息地狀況。如果這些頂層掠食者消失了，也會間接地影響獵物的行為，比如說降低警戒性。這樣的行為改變則可能進一步反映於獵物對棲息地利用和食物資源的選擇、群體大小、活動時間量等行為習性。

在台灣，黑熊是山羌等草食動物在野外所面臨的唯一大型掠食者，由上而下所產生調控作用應具有無可替代的角色。然而，這樣的調控作用，必須在台灣黑熊族群維持在某種程度的高密度時，方能發揮實際的效用，顯示建立一個健康的黑熊族群，是維繫台灣森林的生態健全的必要條件。

森林裡的園丁：種子傳播者

種子傳播是維繫森林生態系演替的關鍵環節。種子可藉由不同的途徑，包括動物的取食等，而散播到不同的地方萌芽生長，進而影響植物分布、組成、結構，以及樹種的多樣性。

台灣黑熊移動能力強，活動範圍廣大，藉由大範圍的覓食活動，可將食入的植物種子帶到其他地方。熊的體型龐大，每日的能量需求極高，所需食用的果實數量龐大，故能傳播的種子數量驚人。黑熊排遺中經常可以發現許多未被咬碎的種子，無形中可幫助植物傳播種子。我們曾紀錄一坨台灣黑熊排遺內，有近兩萬顆消化不全的呂宋莢蒾種子。在美國，也曾紀錄到一隻美洲黑熊在一

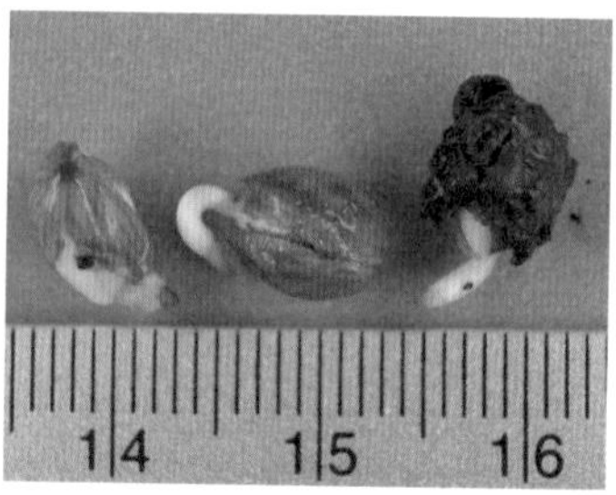

熊的取食促進山櫻花種子萌芽。

天內就可傳播六萬顆野葡萄種子，可見熊不容小覷的散播種子力。

我們利用萌芽試驗發現，相較於野外的自然落果，經黑熊食入的許多種子，如核果類的山櫻花、香楠、呂宋莢蒾或仁果類的山枇杷、台灣蘋果等，其種子皆可提早萌芽，或是萌芽率提升。以這三種核果為例，外覆果肉的對照組（即自然落果）的種子皆未萌芽，但經熊消化組的萌芽率則高達二十一到七十%。這是黑熊在取食和消化過程中，會將阻礙種子萌芽的外層物質去除，或因消化過程的磨損作用，適度減少外層覆蓋物（漿質果肉或堅硬種皮）對種子萌芽的阻礙。另外，種子停留於腸道的過程中，熊的消化道可能產生類似回春的作用，打破種子休眠並促進萌芽。

所以，台灣黑熊是有效的長距離種子播遷者，關係著台灣森林生態系的演替，尤其是中、低海拔的樟、櫟林帶，間接影響棲地的品質和物種多樣性。

有熊的森林，才有靈魂——台灣黑熊的保育價值

不同物種於生態上及保育上所扮演的功能和角色不一，保育角色未必與動物的生態功用有直接關係。受限於永遠有限的保育資源（人力、經費、技術

一坨台灣黑熊的排遺內含有二萬顆消化不完全的呂宋莢蒾種子，可有效幫助種子散播。

等），規劃保育議題的優先次序，為保護生物多樣性的重要課題。縱使各方對此意見有所紛歧，但一致的結論不外乎是：瀕臨絕種物種、庇護物種、旗艦物種、特有物種和易受害物種具有保育的優先性，其中又以瀕臨滅絕的大型哺乳動物最受關注。除了前述的潛在生態功能之外，台灣黑熊於保育上也扮演著重要的多元角色，值得我們重視。

受要脅物種（Threatened Species）

台灣黑熊為法定「瀕臨絕種」的一級保育類野生動物，野外族群數量稀少，遠低於永續的族群水平。牠們受威脅的風險，與其體型大、活動範圍廣泛、族群密度低、人類活動干擾等因素有關。在人與野生動物的共同演化歷史上，這些大型食肉目動物多半被人類視為具有威脅性、危險、或是不受歡迎的猛獸。有時則因為具有特殊的經濟或娛樂價值，而遭遇強大的獵捕壓力。人們對於這些動物負面的（刻板）印象和誤解，更是牠們遭人殘害的主因。

庇護物種（Umbrella Species）

台灣黑熊的活動範圍廣大，超過上數百平方公里。無線電追蹤玉山國家公園內的黑熊發現，有半數會跑到非法狩獵較為頻繁的國家公園以外的地區活動。因此，若要有效的保護台灣黑熊，無疑地需要提供廣大連續的棲息地，如此也連帶地保護到許多居住其間的其他物種。另在經營管理上，保育工作也不應僅限於特定保護區以內，而須以連續地景或生態系的尺度加強棲息地保護，強化跨組織單位和行政疆界的共同管理，方能為黑熊確保足夠且安全無虞的棲地環境。由此可見，台灣黑熊的保育可視為保護生物多樣性的重要工具，而非僅是單一物種的保護而已。

旗艦物種（Flagship Species）

台灣黑熊曾被全民票選為台灣最具代表性的野生動物，目前市面上也不乏各式各樣的熊公仔。牠們的體型壯碩、形貌威嚴，有引人目光的風采。此外，牠們數量稀少、生性隱密，加上食肉的習性，一則引發人們的好奇心，也令人感到敬懼，並對野外山林產生美好、尊崇的心意。廣告需代言人，保育宣導也不例外，黑熊與生俱來的上述魅力，有如品牌的旗艦一般亮眼突出，容易擄獲人心。因此，台灣黑熊易於引領人們認識和關心野生動物保育議題，激起民眾認同和參與保育事務，尤其是保護台灣山林生態系。

熊是庇護物種。

指標物種（Indicator species）

指標物種在生物學上的定義是，一個有機體與特定的環境條件有密切關聯，牠們的存在便表明了該環境的存在狀況。大型食肉目動物常被視為健全生態系的指標，代表著環境的完整度和恢復力。當面臨人類活動的干擾時，這些動物將會是第一個消失的物種之一。牠們數量的減少，將對現在或未來的生物多樣性產生威脅，並提供早期的警示作用。因此，台灣黑熊的族群數量或健康狀況，足以代表著台灣山林生態系環境的健全與否，也可視為當地生態系或生物多樣性的指標。

自然遺產（Natural heritage）及文化價值

台灣黑熊是台灣唯一的原生熊類，是世界僅存八種熊科家族的一員，是珍貴的自然遺產，也是自然野性的象徵。國內許多原住民傳統文化的圖騰，不乏與黑熊有關的神話傳說或禁忌，代表著島民與這片土地的深厚連結。如同一位布農族原住民曾經說過：「如果山上沒有熊和山鹿，心裡會覺得很孤單，好像沒有人住一樣。」

Q&A

聞熊色變：農田有熊出沒！？

台灣黑熊出沒的消息，總能引起媒體的關注，但其中不乏農民通報「檳榔熊」或「香蕉熊」的消息，如台南南化、嘉義竹崎、台東利吉、屏東內埔等農地出現農作物被大型動物扒抓和啃咬，但經研究團隊現場或照片辨識後，經常淪為虛驚一場。再經研判，大型犬隻肇事的機率為高。有時，山友會在山區看見大黑影、聽到動物大聲的吼叫聲，常常就會繪聲繪影說：「有熊！」真那麼多熊嗎？

黑熊是標準的雜食性大胃王，以圈養的黑熊為例，成體一天可以食用二到五公斤以上的食物。野外的黑熊大部分時間都在為填飽肚子而奔波，故當野外的食物來源缺乏時，黑熊常會為了裹腹而擴大活動的範圍，此時也容易被人的農作物所吸引，而出現在風險比較高、靠近人類活動的區域，增加人熊相遇的機會。當在低海拔，或人為活動頻繁的非自然環境，而鄰近區域也沒有連續大片森林分布時，我們需要認真地懷疑真

平地農田裡通報的「香蕉熊」，多為大型犬所為。

有熊出沒的可能性應該很低。進一步可將懷疑有熊的地點，與台灣黑熊的分布預測圖比對，輔以佐證資料。這或可解釋很多平地果園出現疑似熊的案例，最後都判斷不是熊，畢竟黑熊很難「空降」到那兒。

另外，黑熊的覓食行為經常伴隨著留下明顯的活動痕跡，因此若能確認環境中的食物資源，則能提供重要的輔助證據。例如，若在發現疑似有熊的果園裡，附近長有各種成熟水果，但僅僅發現樹幹有爪痕或被折斷，現場或附近地區卻沒有果實被吃的跡象，這顯然違反黑熊愛吃的習性。若附近有其他天然或人工的食物來源，包括廚餘和垃圾，也需謹慎檢視是否有被黑熊使用的痕跡。如此，若這些可能的食物來源都沒有發現熊確實取食的跡象，那麼破壞果樹的罪魁禍首是黑熊的可能性自然就十分低了。這個方法通常也是解釋出現在農田裡的「檳榔熊」或「香蕉熊」不是熊的關鍵依據。

第四章

台灣黑熊你過得好不好？

——保育危機

台灣黑熊自一九八九年野生動物保育法公告為「瀕臨絕種」的保育類野生動物以來，綜觀全島的族群數量並沒有明顯回升的跡象。當今台灣黑熊所面臨的威脅主要是人為干擾所致，包括非法狩獵和買賣、棲息地減少或破壞、道路開發、遊憩干擾等問題。

非法狩獵

貴為法定的一級保育類野生動物，理應嚴格禁止非法獵殺和買賣。一般情況下民眾也不會刻意去搜捕黑熊，但是獵捕黑熊的誘因或動機依然存在，熊仍有可能隨機性地因巧遇獵人而遭射殺，或是誤中陷阱而遭到捕獲，非法獵殺或販賣於今日亦時有所聞。

國內並無全國性非法狩獵造成台灣黑熊死亡率的資料，唯一相關的數據來自我的博士論文（二〇〇三年），於玉山國家公園地區鄰近十三個部落所收集的訪查資料。結果顯示，六十二％的熊是獵人在進行狩獵或巡視陷阱時，發現活動中的熊，再以獵槍射殺所獲得；另三十八％的熊則是獵人發現熊已被陷阱捕獲，已死於陷阱上，或由獵人再擒拿捕殺之。這些陷阱包括套索和捕獸鋏，

剛被套索捕獲的山羌，
鋼索牢牢套住動物的腳。

最初可能為捕獵草食動物所設置，但由於中陷阱的動物因屍臭或哀嚎也會吸引黑熊接近，無形中這些陷阱設置的地區也威脅了黑熊的性命安危。

國內首次捕捉繫放台灣黑熊的研究，在一九九九年至二〇〇〇年，在玉山國家公園東境的大分地區，我總計捕捉到兩雌十三雄共十五隻黑熊。但是，二隻母熊幾乎都斷掌，沒有任何趾頭，而十三隻公熊中，也有六隻過去曾經斷肢而傷口已癒合的情況，受傷程度不一。也就是說，在一個步行需時三至四天、連獵人都不願意去的山區，台灣黑熊依仍有半數（五十三％）斷手斷腳的傷殘情況。

如今我們不禁好奇地想問，台灣黑熊為非法陷阱所傷的危機在二十年之後的今天，情況是否有好轉呢？迄今，我所捕捉繫放和經手的通報死亡個體共計三十四頭（一九九八至二〇一九，不含幼體，如南安小熊），其中一半皆有因曾為非法陷阱而傷殘的紀錄。由此可見，台灣黑熊的處境並沒有好轉。野外台灣黑熊在多數地方並沒有族群復甦的明顯跡象，也就不是奇怪的事了。

這些沒有選擇性的陷阱對黑熊的威脅絕對無法讓人漠視，因為這些被發現的傷態數量，恐怕都還僅是我能目睹的遭到狩獵受傷還能夠脫逃的一部分個體，或是像試驗站的傷態，被通報發現，才被救回人間。但是，還有另一部分

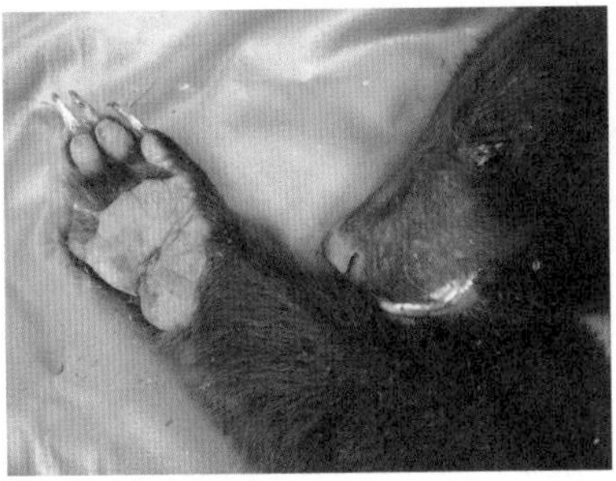

斷趾（非法陷阱所傷）

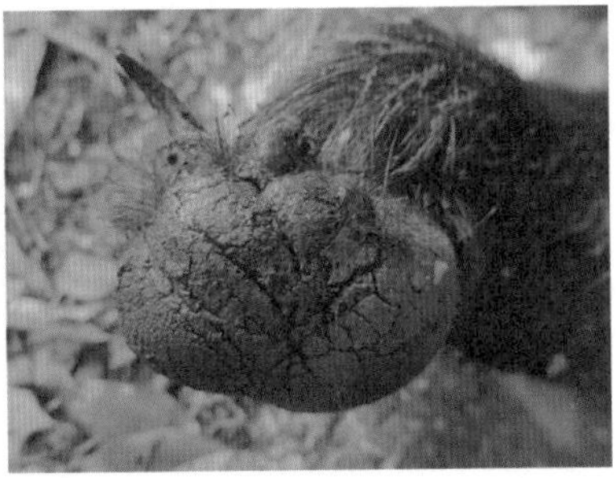

斷掌

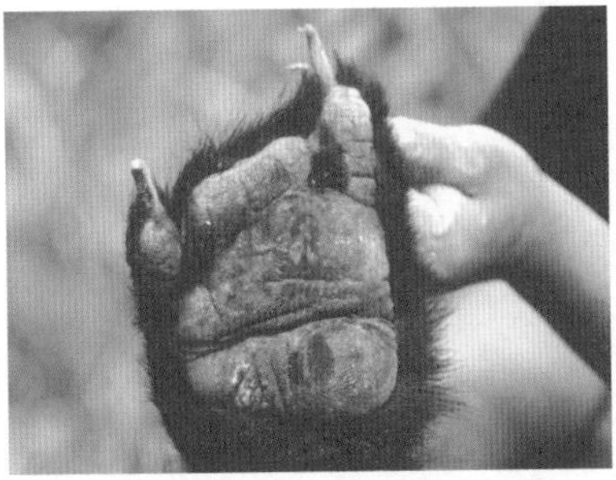

斷趾

套索

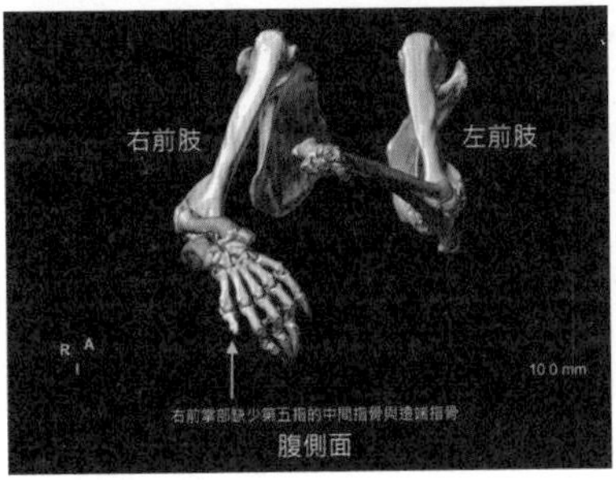

拉庫拉庫溪黑熊：左斷掌，右斷趾。
圖片提供／林莉萱

獸鋏

黑熊，根本已經被獵人帶走，不知下落，其比例有多少也不得而知。有的熊甚至可能不只一次被陷阱所傷，例如二〇一七年十二月，一隻陳屍於花蓮縣卓溪鄉拉庫拉庫溪床的黑熊，左前肢完全沒有掌部，右前肢則少了第五趾，可見至少生前曾中過二次陷阱。

雖說現今的非法狩獵活動大多發生在村莊或聚落附近，多在一至兩日內可到達、交通便捷之地，但由於黑熊活動範圍廣大，四處遊走，狩獵區域與黑熊棲地經常廣泛重疊，台灣黑熊所面臨的潛在獵捕壓力絕對不容忽視。例如，在一份訪查各林管處活動於山林的工作者的調查報告（二〇〇六年）指出，高達七十八％的受訪者表示，管理轄區內潛在威脅黑熊族群的首要因素為非法狩獵，這也是台灣黑熊保育所面臨的最大挑戰。

傳統狩獵文化式微

雖然黑熊是許多台灣原住民的傳統狩獵對象之一，但卻非主要目標，並且很多民族都有許多禁忌，包括布農、魯凱、排灣、賽夏、阿美、泰雅、太魯閣、鄒族、卑南、賽德克等十族等。一般認為黑熊習性如人，殺害熊就如同殺

布農族打耳祭。

人一般，會為獵殺者及其親人招來厄運（如生病、過世、作物歉收等）。因此，早期的獵人對於黑熊多抱持敬而遠之的態度，除非必要，否則不會刻意去捕熊。

以布農族為例，在傳統文化中，可獵熊的時間也有限制，一般認為在種植小米一直到結穗期間，不可以打熊，否則小米結果之後會變黑，像燒焦了一樣。違反禁忌打熊除了會影響收成之外，熊肉也不能帶入家裡，要放在房子外面，否則以後就會諸事不順。熊肉並無特殊的用途，有些人甚至不吃熊肉，並以為吃熊肉會不吉利。因此，早期的獵人除非必要，否則不會刻意獵熊，因為很多人視打熊為不吉祥或很麻煩的事。

雖說一般獵人很少主動要去獵熊，黑熊卻仍會逢機性地被人槍殺或捕獲，因為獵人有時獵熊乃唯恐「我如果不殺牠，牠會攻擊我」的心態。獵人獵熊的理由包括為了保護自己的財產、經濟收益、英雄主義，以及提供肉類來源等等。

另一方面，狩獵是傳統以山林為家的原住民的生活方式，也是自我表現、爭取社會認同的方式，更是一種文化、祭典的象徵。即便有些部落有獵熊的禁忌，但因為黑熊兇猛且數量稀少，不易捕獲，打到熊是一件很不簡單的事，

具有傳統文化內涵的原住民，便是一本活生生的自然字典，圖中人物即是我在熊徑上的原住民夥伴林淵源。攝影／大麥影像

所以仍然有些人認為打過熊是英雄的表現。在過去風俗上，有時可以在重要的狩獵儀式時，誇耀獵熊的戰績。由此可見，早期的原住民族一方面視熊危險而盡量迴避，但有時卻也視殺熊為英雄行為。然而，透過這些繁瑣的禁忌，人對野生動物資源的使用可以受到某種程度的限制，避免無節制地被開發利用。

由於社會、經濟、政治隨時代的改變，原住民的社會生活、文化及風俗習慣受到很大的衝擊。部分狩獵已逐漸轉變為一種賺錢的工具或是娛樂的方式，市場經濟於部落內或是對外運作仍是可見，傳統的獵區系統和聚落共享關係亦式微。在基於尊重傳統原住民文化，原住民自覺日趨發展的風潮下，如何延續原住民族對自然資源永續利用的智慧，狩獵的經營管理如何避免危及已經瀕危的物種，恐是我們要認真思考的。

話題 7　2000.12.26　中國時報　星期二

首份生態研究報告即將出爐

誰殺了台灣黑熊?

近年捕獲十五隻 其中七隻腳掌截斷 顯見商業盜獵為瀕臨絕跡主因

原住民口中的「熊媽媽」 鑽研黑熊生態多年

黃美秀：沒有熊 山就失去靈魂

非法買賣

熊之所以被捕獵，有一大部分的原因是熊具有很高的經濟價值。據訪查資料顯示，近年來獵人所賣出的熊肉，一公斤可售達一千至一千四百元不等，遠超過市場上豬肉的十倍價格。甚至在民國八十五年，有的獵人可將獵捕的一頭熊賣得十六萬元的高價，真可謂「死後價更高」。

對於漢人而言，黑熊是一種物超所值的經濟動物，從頭到尾都是寶。根據醫藥大典「本草綱目」的紀錄，熊的膽、脂、骨、肉、血皆可入藥。熊掌自古以來即被視為珍饈，食之「驅風寒益氣力」。

漢人另有迷信吃野味的食補觀念。學者調查國人野生動物資源研究中指出，民眾嗜吃山產的原因，不外乎是為了進補、滿足好奇心或貪其美味；而黑熊價高的原因則是稀有性及其具有藥補的特性。因此，一隻黑熊死後的市場價值，可達幾十萬元。這樣「死後（金錢）價更高」的情形，與喜愛欣賞活生生的野生動物心態並不相同。也就是說，在優渥的經濟利益驅使下，黑熊被人非法狩捕的壓力不小，這可是這位森林之王萬萬想不到的。

然而，早期原住民並沒有販賣黑熊的行為，對於打到的熊也沒有特別的利用方式。根據我的博士論文研究資料顯示，獵人對於被捕獲黑熊的利用方式，隨著年代改變而有所不同。民國七十年前，被捕獲的黑熊有二十二%被賣掉（食補或藥材之用），但到了民國八十年代，比率暴增至五十九%。無論如何，有意或無意的獵熊活動，卻因野生動物買賣市場的活絡而漸趨興盛。在偏鄉山區，隨著經濟和交通的發展和便捷，收購山產的漢人買家與偏鄉部落接觸漸趨頻繁，獵人將熊體賣出的頻度也逐年增加。當社會經濟環境隨著時代改變，傳統的生活和文化受到嚴重衝擊，不僅有關狩獵黑熊傳統文化式微，狩獵有時也變成賺錢或娛樂的方式。

一九七〇年代起，國內山產店林立，整隻熊都有人收購，現今一頭熊依然可賣得新台幣十萬元以上，一公斤的熊肉更高達千元，且山產店已趨向黑市作業，提高查緝的困難。以二〇一〇年七月新聞報導為例，嘉義一非法山產店老闆，以十七萬元購得台灣黑熊，還將黑熊剁掌做成「熊掌宴」，一餐要價四萬元。另一位高雄市桃源區的獵人透漏，民國八十五年他捕獲的一隻台灣黑熊賣得新台幣十六萬元，在「重賞之下有勇夫」的經濟誘因下，獵人「看到就打」似乎變成了很自然的事情。

在亞洲，由於對於熊膽汁的需求，仍有許多熊遭到大規模的獵殺及非法交

（左）山產野味。
（右）熊掌珍饈。

易，台灣也不例外。國內一份消費者調查報告指出，仍有四分之一的民眾生病時，會考慮食用熊膽（粉）。二〇一一年針對國內中藥行的調查指出，六十四家商店裡有二十六家（四十％）出售熊膽與相關製品。中藥店所販賣的多是與珍珠、琥珀等混合熊膽粉的製品，如「五寶散」。顯見台灣仍有非法使用熊膽製品的消費者，值得我們檢討和改進。因此，若可以減少非法狩獵傷害台灣黑熊，以及民眾不因口腹之慾而消費保育類野生動物，就是為黑熊保育盡一份心力。

棲地破壞

由於近幾十年來的工商業急速發展，人為活動頻繁和過度開發使自然棲息環境不斷遭受破壞，許多野生動物族群均有下降趨勢，或處於受威脅或瀕臨滅絕的狀態。目前黑熊多局限於地形險峻陡峭，或人為活動較少的偏遠山區。

棲地破壞包括人為活動所造成的棲地品質惡化、棲地喪失和破碎化。棲地破碎化包括棲地類型或一般天然棲地減少，或是棲地結構發生改變，即殘留的棲地轉變成更小或更多隔離的區塊。如此一來原本分布各地的族群會被孤立，成了一座座「孤島」，阻礙族群內的基因交流，進一步讓原本的小族群更是雪上加霜。

黑熊棲地所面臨的威脅也與人類可及程度有密切關聯。道路系統和其伴隨的各種人類開發活動，也是棲地破壞的主因，如森林砍伐、經濟作物種植、聚落發展或公共建設的開發等。對於活動範圍廣大，且涵蓋不同生態環境的黑熊而言，影響尤為明顯。

對高度依賴森林的黑熊來說，道路經常破壞棲地的連續性，不僅會減少地景上可容許熊的存活數量，生活在破碎化森林之中的熊，更容易出現在森林邊緣的農田或果園，而被人當成麻煩或討厭的動物而遭到獵殺，也容易遇到獵人或誤中陷阱，暴露在更大的風險之中。研究顯示台灣黑熊偏好距離道路兩公里以上的棲地，也會迴避交通繁忙的馬路附近。

此外，道路系統的便利性與狩獵活動有更密切關係，藉由道路，獵人輕易地深入黑熊的棲息環境，會增加非法狩獵壓力。同時道路更提供轉運熊體到市場的便利途徑。因此，人為活動的增加和道路系統的持續發展，若缺乏適當的經營管理，不但可能導致非法狩獵或誤捕黑熊的活動增加，也可能使目前仍適合黑熊的棲地破碎化，限制牠們的播遷和移動。

山林開發和棲地破壞。

遊憩干擾

國人休閒遊憩風氣漸趨興盛，許多位於山區的觀光景點為民眾假日旅遊之地，大量的車潮和人潮所造成的干擾，可能降低附近野生動物的棲地品質。登山、越野四輪車或摩托車等活動深入山區，也可能造成類似的干擾。若這些地區為黑熊潛在的優質棲息地，則人類干擾頻繁的區域將會降低黑熊對此區的利用。

在歐美地區，在高遊憩壓力的荒野地區，人熊之間的衝突管理向來為管理單位所重視，這時常與熊受人類食物制約的行為有關。在台灣，目前黑熊在多數地區仍屬低密度的情況，鮮有人熊衝突的意外事件發生。但在一些特殊地區或情況，仍不可掉以輕心。例如，在前往熱門登山路線的嘉明湖必經的向陽山屋，最近就傳出黑熊出沒頻繁，甚至多次進入山屋尋找食物的情況。這不僅需要管理單位及時採取適當的因應管理，包括教育宣導和硬體設施規畫，遊客入山所需具備的「無痕山林」素養更是不可或缺，如此方可避免不愉快的人熊衝突。

相關法規保護

野生動物保育法於一九八九年施行，為台灣主管野生動物保育、利用與經營管理的重要法律依據。農委會依法公告台灣黑熊為保育類「瀕臨絕種」的野生動物。根據該法第三條第三項規定，這是指動物的族群量降至危險標準，生存已面臨危機。

根據野生動物保育法第十六條，保育類野生動物，除本法或其他法令另有規定外，不得騷擾、虐待、獵捕、宰殺、買賣、陳列、展示、持有、輸入、輸出或飼養、繁殖。然而，保育類野生動物有危及公共安全或人類性命之虞者，或危害農林作物等，除緊急情況外，應先報請主管機關處理（第二十一條）。相關罰則可處六個月以上五年以下有期徒刑，得併科新台幣三十萬元以上一百五十萬元以下罰金（第四十條）。

除了國內的野生動物保育法以外，國際間也有制定相關的法規。瀕臨滅絕野生動物植物國際貿易公約組織，又稱「華盛頓公約組織」，旨在建立野生動植物包括活體、產製品或標本之輸出及輸入國間的合作管道，確實防止非法國際貿易危害到物種的生存。國際間熊類的商業性貿易完全是被禁止的，唯一的例外是為了提供科學研究的非商業性用途，但仍有嚴格的規定，須先取得合法的輸出、輸入許可證。在核發許可證前，須由輸出入雙方國家之科學機構證明，該物種的買賣不至於對該物種的族群生存產生危害。因此，在台灣，為了利用熊膽汁產品和其他相關熊產製品，若未事先獲得國家主管機關的批准，凡進出口買賣、持有或公開展示均違法。

人類該如何和台灣黑熊和平相處

我們分析一百九十八筆人熊相遇的案例發現，多數情形是台灣黑熊先發現人的出現，且採取迴避的反應，僅有極少數案例是近距離接觸時出現威嚇行為，如站立、朝人吼叫或短暫的追趕，尚未記錄到黑熊莫名攻擊人類而導致傷亡的情形。台灣黑熊不喜歡和人類正面接觸，透過牠強大的嗅覺和聽覺，通常可以在人類接近之前就轉向迴避。由此可見，台灣黑熊雖具有潛在危險性，但危及人身安全的風險是相對低的。適當的經營管理和正確宣導，以及建立有熊森林的遊客行為管理，是人熊共生的關鍵。

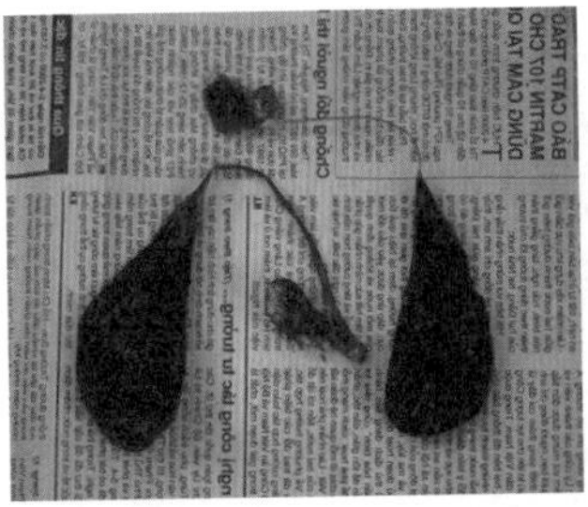

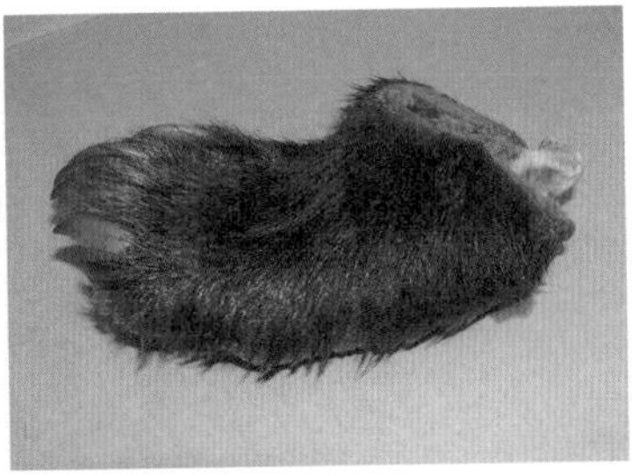

（右）熊掌。
（左）熊膽。

有熊國度，保持安全

這世上並沒有一套人類如何對應熊的標準祕笈，畢竟每次的遭遇都不盡相同，況且每隻熊也不一樣，因此人在遭遇熊時所採取的反應措施，絕對會影響到是否可以全身而退的機率。與熊相遇很少導致侵略性的行為，攻擊更是罕見。若想避免不愉快的遇熊經驗，最好方法就是避免與熊不期而遇。

如果不小心遇到熊，若熊並未顯示任何威嚇行為，安靜離開現場是上策。請先保持冷靜，準備好隨身攜帶的哨子、鋼杯或辣椒噴劑等威嚇物，然後花幾秒鐘評估整體狀況，觀察四周有沒有小熊、偵測周圍的逃生路線等，再決定下一個步驟：可能是留在現場繼續觀察，也可能繞路或撤退。休息一陣子再返回，邊走邊製造喧鬧聲響，讓熊知道你在哪裡。返回時，熊或許已經消失了，但如果熊還在原地，便必須考量暫停或延緩行程了。最重要的是，不要驚慌失措、狂跑和尖叫。肆意跑步和其他突發的大動作，都可能被熊誤以為是某種威脅，而讓熊產生防禦性的威嚇反應，甚至發動攻擊。

（右）胡椒噴劑。
（左）熊鈴。

＊避免熊熊面對面

• 避免於清晨或黃昏時單獨健行，這是熊較活躍的時段。

• 盡量成群結隊一起走。

• 在濃密植被地區時，拍手或大聲講話，或攜帶「熊鈴」，製造噪音讓熊知道你的存在。

• 務必妥善處理垃圾和廚餘，不要讓熊對食物產生連結。

• 當發現新鮮的熊痕跡（如排遺）時，請提高警覺。

＊正面遇到熊時，該怎麼辦？

• 保持冷靜，評估現場狀況。

• 原地不動，以冷靜溫和的語氣對熊說話，表明自己沒有威脅。

- 若熊持續在原處，人緩緩後退，離開現場，但不要跑。
- 絕對不要刻意接近熊，哪怕為了拍照也不行。
- 準備好威懾物（如胡椒噴霧劑），並保持團隊人員在一起。

通報系統

台灣黑熊和人之間的關係疏遠，遇熊的機會非常小，若目擊到有熊出沒，或是發現熊的蹤跡，都可以通報野生動物相關管理機關（林務局），或台灣黑熊保育協會。甚至若發現困在陷阱上的遇難黑熊，透過通報得以提供即時的救援，避免或降低可能的衝突。透過大家的協力分享和通報，也能建構黑熊分布的資料庫，掌握出沒動態，有助於瞭解人熊互動關係的發展。台灣黑熊保育協會之熊出沒通報系統：

http://www.taiwanbear.org.tw/questionnaire

第五章

世界的熊熊家族

圖片提供／Andrew Derocher

熊，在分類上屬於食肉目熊科（Ursidae），是現代陸地上體型最大的食肉性動物，目前除了非洲、澳洲、南極大陸之外，其他大陸（南美洲、亞洲、歐洲和北極地區）都可以發現熊的足跡。熊的老祖宗長相如何呢？能解開謎題的化石紀錄並不完整，不過可以肯定的是，熊是由一種原始的、擅長爬樹、愛吃肉的小型動物逐漸演化而來。兩千多萬年前，就像太陽升起第一道曙光而被暱稱為「曙光之熊」的「*Ursavus elmensis*」首度登上地球這個舞台，在熊類演化過程中，大貓熊和眼鏡熊是最早（約在六百萬到八百萬年前）分歧出來的。

世界八種熊及演化

現生的熊有八種，分布包括極地區域的北極熊，橫跨北美洲、歐洲及亞洲北部的棕熊，僅限於中國的貓熊，北美洲的美洲黑熊，南美洲的眼鏡熊，以及亞洲地區的亞洲黑熊、懶熊和馬來熊。

極熊
rsus
itimus

現存熊科動物的親緣關係樹（雪花符號代表具冬眠能力的共同祖先）。

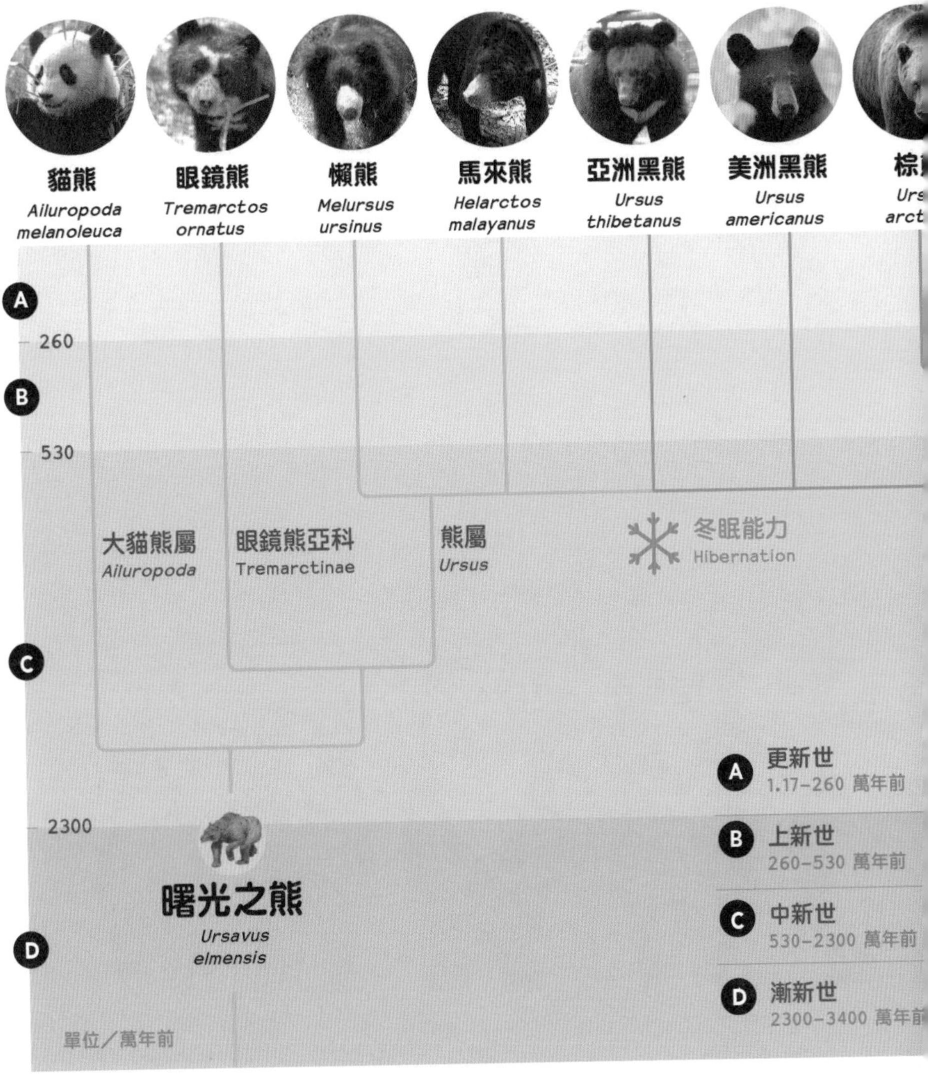
貓熊
Ailuropoda melanoleuca
眼鏡熊
Tremarctos ornatus
懶熊
Melursus ursinus
馬來熊
Helarctos malayanus
亞洲黑熊
Ursus thibetanus
美洲黑熊
Ursus americanus
棕
A
260
B
530
C
2300
D
大貓熊屬
Ailuropoda
眼鏡熊亞科
Tremarctinae
熊屬
Ursus
冬眠能力
Hibernation
曙光之熊
Ursavus elmensis
單位／萬年前
A 更新世 1.17–260 萬年前
B 上新世 260–530 萬年前
C 中新世 530–2300 萬年前
D 漸新世 2300–3400 萬年

「熊科動物」是現存陸地上最大個兒的食肉目動物，世界上共有北極熊、棕熊、美洲黑熊、亞洲黑熊、馬來熊、懶熊、貓熊、眼鏡熊八種。

世界八大熊
北極熊
300CM
250CM
200CM
棕熊
美洲黑熊

冬眠：哺乳動物中的超級「忍者」

熊是否是真正的冬眠者？這個長年以來的辯論，這源起於牠們與其他小型動物的真正冬眠（如嚙齒類）不一樣。

冬眠時，熊的核心體溫僅降低幾度而已（從攝氏三十七度下降到三十一至三十五度之間）。這種適應可能與牠們的體型大小有關。即使牠們冬天的巢可以提供保護及隔離，仍然容易受到其他熊或掠食性動物捕食的威脅，例如灰狼。雖然牠們體重減輕，但體溫仍可維持溫暖，使牠們能迅速甦醒，並避開潛在的攻擊。

在溫帶地區，熊的食物在冬天幾乎完全消失。棕熊、美洲黑熊和亞洲黑熊藉由進入一個漫長冬天的禁食（冬眠）以適應這種情況。但這種禁食不是強制的，如果食物仍保持充足，牠們仍能持續在冬天裡活動。

冬眠中的熊多半躲藏在洞穴期間，心率、呼吸頻率和新陳代謝都會下降，僅靠體內保存的脂肪存活。牠們可分解有毒性的新陳代謝廢物（尿素）成為無害物質後，再重新循環利用，以及回收體內的水分。為了節省骨骼質量、肌肉質量以及力量的散失，整個冬天裡不能活動或甚至不能站立的期間長達三到七個半月。此時，身體運行最大的活動就是週期性的顫抖（每天幾次），這並不是因為寒冷的緣故，而是為了維持肌肉張力以及肌肉力量的機制，並且能溫暖內部器官以及促進、保持心臟功能。因此，熊是唯一哺乳動物中已知可以承受在長時間內不吃、不喝、不排尿或排糞的狀態。不像其他小型冬眠性的哺乳動物還會週期性地甦醒，以排泄或攝取食物或水。

白晝長度加上氣候因素如溫度和降雪，都會影響熊進入冬眠的時間。例如，在高緯度的熊比南方地區的熊更早進入冬眠。食物供給量也會影響熊冬眠的長度，通常當熊增加到足夠的體重時，或是當地環境中食物供應量已被消耗殆盡時，此時再積極地活動就已無益，那就會提早進入冬眠狀態。

露天冬眠中的美洲黑熊。圖片提供／Dave Garshelis

美洲黑熊（American Black Bear）

學名：*Ursus americanus*

體型

身長一百一十至一百九十公分，尾長小於十二公分，雄性體重為六十至兩百公斤，雌性為三十五至一百四十公斤。

特徵

美洲黑熊是目前世界上最常見的熊，儘管牠們只出現在三個國家。在北美地區，通稱為「黑熊」，但真正的名字是美洲黑熊，用以和亞洲黑熊區別。這兩種黑熊的體型相近，生態習性也十分相似，被認為是源自從亞洲橫跨到北美洲的共同祖先的「姐妹物種」（sister species）。

吻鼻部通常是棕褐色，體毛長度相當一致，但毛

攝影／白欽源

色變化大，有各種不同深淺的黑，甚或褐色。在秋天時，會長出厚實的絨毛；在晚春時，則會換毛。罕見的白色（非白化）的美洲黑熊出現於加拿大不列顛哥倫比亞省（British Columbia）沿海，灰色的美洲黑熊出現在阿拉斯加東部。牠們胸前有時會有一個或多個小白點斑紋，樣式不一，甚或是大月牙型的白斑，但十分罕見。

生態習性

美洲黑熊分布於北美洲從阿拉斯加南部、加拿大、美國，一直到墨西哥北部，範圍涵蓋溫帶和寒帶森林，以及亞熱帶地區。相較於北美洲的另一種熊——棕熊，美洲黑熊更傾向森林性生活，海拔分布從海平面到三千五百公尺不等。美洲黑熊是標準的雜食性機會主義者，食性隨著季節性的食物豐富度而變化。日行性為主，晨昏為活動高峰期，秋季通常會增加夜間活動，特別是在食物聚集、豐富的地區。冬眠期約三至七個月，但在有些南方地區，當全年皆有食物供應時，只有待產的母熊會冬眠。

棲息地。

亞洲黑熊（Asiatic Black Bear）

學名：*Ursus thibetanus*

體型

身長一百一十至一百九十公分，尾長小於十二公分，雄性體重為六十至兩百公斤，雌性為三十五至一百四十公斤。

特徵

相較於其他種類的熊，耳朵圓形且較大，吻鼻部延長似狗，本地常以「狗熊」稱之。毛色烏黑，一般在胸前有明顯乳白色的V字型或新月型標誌，又名「月熊」。下巴也常有白色的補釘斑紋。另外在東南亞少數地區也有不尋常的褐色或金色毛髮。脖子上的毛較長且粗，有時延伸到臉頰，乍看還有像是一頭黑獅子呢！

生態習性

目前有七個亞種，分布於亞洲的十八個國家。包括尼泊爾東北部、印度、不丹、孟加拉、緬甸、寮國、泰國、柬埔寨、越南、伊朗東南部，巴基斯坦中南部、俄羅斯遠東地區、朝鮮半島（南、北韓）、日本、台灣、中國、喜馬拉雅山地區的阿富汗到印度中部等十八個國家。亞洲黑熊從海平面附近到森林線界以上都有分布，高至海拔四千三百公尺，跨越了溫帶和熱帶地區，棲息地多是森林，涵蓋闊葉林和針葉林，尤其是含有可大量生產堅果的地區，如橡木或櫸木等。

亞洲黑熊食物隨季節變化，春季通常取食鮮嫩多汁的植物，夏季則為各種樹木和灌木的漿果，秋季為堅果。全年以日行性為主，活動高峰經常在晨昏秋季時，當食物叢聚且豐富時，從白天到晚上都會活動。在高緯度地區的冬季，食物不易取得，黑熊會冬眠。冬眠期一般從十一月至隔年四月，有些甚至會待在洞中直到五月底。但在熱帶地區如台灣，黑熊則不冬眠。

棲息地。

貓熊（Giant Panda）

學名：*Ailuropoda melanoleuca*

體型

身長一百二十至一百八十公分，尾長小於十二公分，雄性體重為八十五至一百二十五公斤，雌性為七十至一百公斤。

特徵

體型肥胖，頭大而圓，體色黑白分明，又稱大貓熊、竹熊、白熊、花熊。頭部眼睛周圍、耳朵和鼻子為黑色。前肢也是黑色的，一直持續到肩膀及背部，後腿與臀部下面也是黑色的，身體其他部分包括尾巴皆為白色。前爪具有第六根指頭，俗稱「假拇指」，由腕骨特化而來，並具有趾墊，但不能和真正獨立的拇指一樣自由移動。

圖片提供／Dajun Wang

生態習性

主要分布在中國的四川、陝西、甘肅三個省分，涵蓋秦嶺、岷山、邛崍山、大小相嶺、大小涼山等山系。棲地為海拔一千兩百到四千一百公尺，含有茂密竹子生長的溫帶山地森林如闊葉林、針闊葉混合林，以及亞高山針葉林。這是熊類家族中唯一近乎「素食」主義者，但只要有機會，葷食並不排斥。大熊貓幾乎只吃竹子（超過九十九％食性），種類超過六十種竹子，並且選擇較多蛋白質及較少纖維質的較容易消化種類。但牠們有時也會取食其他植物的根、莖、葉，或取食一些肉類，包括齧齒類、幼小的偶蹄類和屍體。由於全年食物皆可得，大熊貓並不冬眠。

棲息地。

棕熊（Brown Bear/ Grizzly Bear）

學名：*Ursus arctos*

體型

體長一百五十至二百八十公分，尾長六至二十一公分。體重因不同區域、季節與糧食供應而差異甚大。雄性重量為一百三十至五百五十公斤，少數可達七百二十五公斤，雌性重量為八十至兩百五十公斤，但有時可達三百四十公斤重。

特徵

身體肩背部特別隆起。毛髮顏色多變，典型的棕色，混合色調的褐色、金黃色、銀灰色或完全黑色，棕熊也稱「大灰熊」。灰色的熊出現在北美洲，而黑色或部分黑色的熊，則常見於亞洲東部和中部。幼獸有時胸前會有白色或奶油色斑紋，隨年齡增長而消

圖片提供／John Swenson

失。前爪長而有力且略彎曲（四至十公分），深褐色到黃、白色。

生態習性

不同地區的棕熊的食性因地區及棲息地類型而變化，吃草或吃肉的程度不一。植物性食物包括草、莎草、木賊、雜草、樹根、漿果和堅果。動物性食物包括昆蟲、囓齒動物、有蹄類動物和魚。除了人類活動頻繁的地區之外，北美的棕熊是日行性的，而多數歐洲的棕熊則多為夜行性，或許是因較頻繁和人類接觸的關係。全球棕熊的總數量估計超過二十萬隻，涵蓋北美、歐洲和亞洲共四十七個國家，但並非整個物種都被「紅皮書」（IUCN，國際自然保護聯盟瀕危物種紅色名錄）列為「無危」，有一些歐洲地區被隔離的族群（亞種）則被列為易危至瀕危不等。

棲息地。

北極熊（Polar Bear）

學名：*Ursus maritimus*

體型

體長一百八十至兩百八十公分，肩高可達一百七十公分，尾長六至十三公分。雄性體重為三百至六百五十公斤，最重可達八百公斤，是雌性一百五十至兩百五十公斤的兩倍重。牠們是雌雄體重差異最大的哺乳動物之一。

特徵

北極熊又名「白熊」。臉部的側面像是筆直的，相較於頭部和身體，耳朵顯得格外地小。全身毛色白或微黃色。毛髮半透明且中空，增加其隔熱性。牠們皮膚是黑的，但我們一般只看到牠們黑色的鼻子。

圖片提供／東森

生態習性

北極熊幾乎只吃肉，主要捕食環斑海豹，以及少數其他海豹。北極熊的密度與環斑海豹的密度有密切相關，那怕北極熊一年捕食不到五十隻的環斑海豹，其中八十％又都是幼獸。牠們偶爾也會捕食其他海洋哺乳類動物，如海象或白鯨。北極的冰塊提供了北極熊一個捕食海豹的合適平台。活動範圍很廣大，衛星追蹤器曾記錄一隻母熊從阿拉斯加遷移到冰島，在四個月之中移動距離超過五千兩百公里。全世界族群評估約二萬多隻，但因全球環境變遷的影響，有些區域的族群已有明顯減少的趨勢，預測顯示五十至一百年之後的棲地將會戲劇性減少，二〇〇六年「紅皮書」遂將牠們提升至「易危物種」等級。

棲息地。

懶熊（Sloth Bear）

學名：*Melursus ursinus*

身形

體長一百四十至一百九十公分，尾長八至十七公分，雄性體重七十至一百四十五公斤，雌性五十至九十五公斤。

特徵

毛色黑色、棕色或罕見紅褐色。毛髮長度較其他種熊長，尤其在脖子周圍、肩膀和背部，長可達十五至二十公分，另外耳朵也覆蓋長毛。嘴唇具有高度伸展性，可以吸吮白蟻，並在過程中鼻子還可以關閉，因此又被稱為「唇熊」。胸前有時會有白色V或U型斑紋。爪長六至八公分而略彎曲，適於挖掘。或許因為牠們有長爪，行徑略粗魯，全身毛茸茸又缺少兩顆門牙，早期

分類學家將牠們取名叫「懶惰」（Sloth）。

生態習性

懶熊分布於印度、尼泊爾、不丹、孟加拉、斯里蘭卡，主要生活在海拔一千五百公尺以下的棲地。螞蟻、白蟻和水果是懶熊主食，但重要性依季節和地區而有所差異。牠們的棲息地與人類廣泛重疊，因棲地遭人類密集使用而嚴重惡化，天然食物豐富度降低，使牠們轉而依賴人類種植的農作物，卻也因此升高人熊衝突的局面，經常造成人熊的傷亡。最近孟加拉的懶熊族群滅絕，凸顯出數量小、被隔離的懶熊族群難以存續的嚴重性。

棲息地。

眼鏡熊（Spectacled Bear）

學名：*Tremarctos ornatus*

體型

體長一百三十至一百九十公分，尾小於十公分，雄性體重一百至一百七十五公斤，雌性六十至八十公斤。

特徵

南美洲特產的唯一一種熊，分布於安地斯山脈的委內瑞拉、哥倫比亞、厄瓜多爾、秘魯和玻利維亞等地，故又名「安地斯熊」。皮毛為黑色或深褐色，有時在下巴附近、頸部或胸部有乳白色的毛，以及通常於口吻部與眼睛周圍有一些白紋，形似眼鏡，故被稱為「眼鏡熊」。其實臉部白斑紋變化多端，眼睛周圍斑紋有的完整、有的不完整，也有不對稱的，或幾乎

圖片提供／Xime VLiendo

沒有斑紋的。

生態習性

眼鏡熊分布於海拔兩百至四千七百公尺的森林、草原和有刺灌木沙漠，但各類濕潤的雲霧帶山地森林更是牠們偏好的環境。因為食物資源全年皆可得，所以眼鏡熊不冬眠。眼鏡熊為日行性動物，取食多樣果實、植物莖葉和肉類，屬雜食性，但鳳梨科植物的組成占十五至九十%的食性比例，只不過熊必須除去具有棘刺的堅硬葉子，才能吃到莖部中心或基部的組織纖維（和一般想像的甜而多汁的鳳梨不同）。活動隨著季節食物資源的變化而波動，遷移於不同海拔的各類棲地以尋找食物。雖然眼鏡熊於分布所在的五個國家皆受法律保護，但因為法律上的漏洞和缺乏適當的執法，造成熊在獵捕家畜、覓食農作物時遭到殺害，或是因醫藥或宗教儀式的需求，而持續遭到盜獵或販售。

棲息地。

馬來熊（Sun Bear）

學名：*Helarctos malayanus*

體型

體型最小的熊，體長一百至一百五十公分，尾長三至七公分，體重僅有三十至八十公斤。

特徵

馬來熊又名小狗熊、太陽熊。前肢彎曲，足部轉向內側，為典型的「內八」。口吻部較短且灰白色，耳朵小。毛短、色黑，少數是深褐色。胸前通常有明顯白色或黃白色斑紋，但個體間形狀差異很大，通常是U或圓形，但有時沒有。此標誌乍看如太陽，因此有「太陽熊」之稱。舌頭很長，約二十至二十五公分，可取食昆蟲和蜂蜜，故有「蜜熊」之稱。長爪也可破壞木頭以取食蜂蜜或白蟻巢。腳底裸露幾乎無毛。

攝影／Wang Siew Te

生態習性

馬來熊分布於東南亞地區，包括孟加拉、印度東北部、中國南部（雲南）、東南亞的馬來西亞和蘇門答臘、婆羅洲。牠們主要棲息於半常綠闊葉林、針闊葉混合林、龍腦香科優勢森林和山地常綠森林。在有些地區，甚至與亞洲黑熊共域，分布範圍從海平面到海拔超過兩千一百公尺的區域，但仍以低海拔森林最普遍。雜食性，取食超過一百種昆蟲，主要是白蟻、螞蟻、甲蟲、蜜蜂、蜂蜜，以及各種水果。就像其他的熊類一樣，馬來熊的活動模式受到人為活動的影響，例如在高度干擾的環境中，如油棕櫚種植園，馬來熊主要是夜行性；反之，在人為活動稀少的森林裡，牠們則多在白天活動。

森林棲地喪失和破壞是主要威脅，例如馬來西亞與印尼砍伐森林後改種油棕，開發生質能源產業。再加上目前盜獵的情況，更惡化了牠們的處境，有研究指出在過去三十年間，此物種的全球族群衰退了三十％。商業性盜獵，特別是熊膽（使用在中醫）和熊掌（佳餚），也是另一個關鍵的威脅，特別是在東南亞大陸。

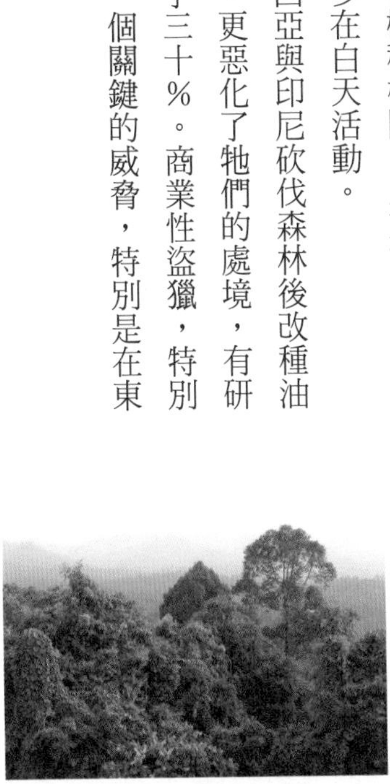

棲息地。

世界熊類保育現況

目前只有美洲黑熊總族群估計約九十萬隻、棕熊約二十萬隻，被國際自然保護聯盟紅皮書列為「無危」物種，其他包含亞洲黑熊、北極熊、懶熊、眼鏡熊、馬來熊、貓熊等，皆被列入「易危物種」的等級。就全球性觀點而言，熊類的保育現況和未來是很值得令人關注的。

導致全世界熊類族群普遍且持續衰退的主要原因為人類的直接利用剝削，以及棲地破壞。人類為了保護家畜、農作物和其他財產，或者更簡單的是，純粹害怕被熊攻擊而獵殺熊。至一九〇〇年代以前，歐洲和北美洲都由政府補助而去獵殺棕熊。人們也為了熊類產製品而獵殺熊，例如亞洲大部分的非法狩獵都與熊膽及熊掌的商業販售有關。棲地的喪失、破壞和破碎化，對於熊類族群存續力來說，如同直接扼殺了牠們，且會造成更多的直接殺戮。因為熊普遍依賴森林而活，而全球森林的連續性喪失和破壞，更是降低了地景上可以存容的族群數量。

熊類保育另一個新興且嚴重的

挑戰——全球暖化效應。北極海冰層顯著的減少，表明出近五十年來北極熊（和牠們獵物）受到大尺度的不利影響。已經有數個地區的熊，被迫停留在岸上好長一段時間，沒有辦法接近海豹，造成體重降低和某些年齡層存活率的下降。氣候變遷對其他生態系統的影響，依舊是太複雜而難以做決定性的預測。

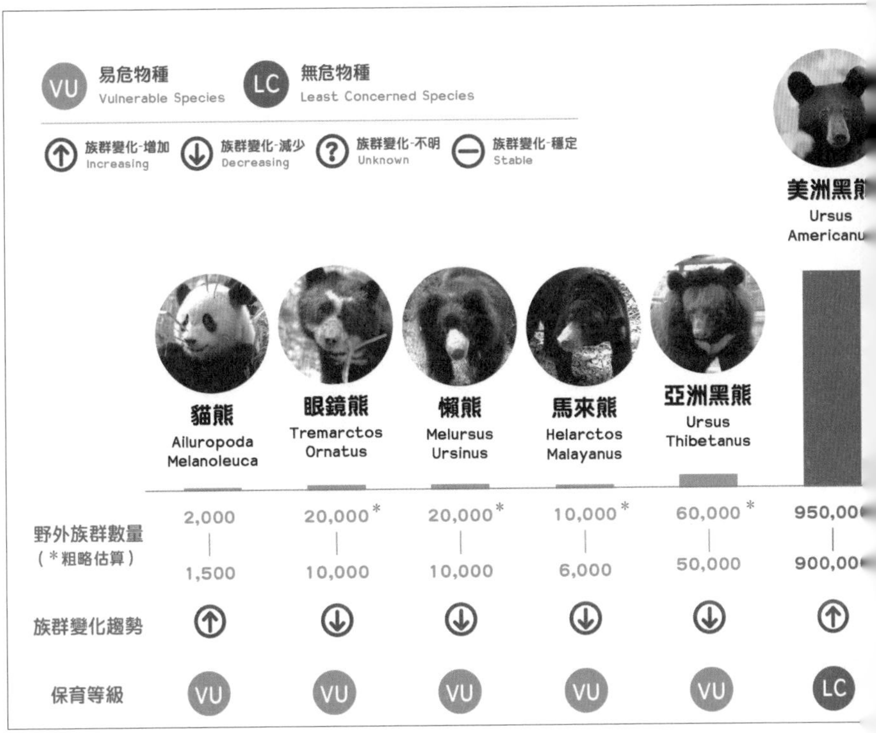

 世界現生八種熊類保育現況。

第六章

萌熊要回家

——野放達標條件

有鑑於國人不僅對於台灣黑熊，且對於野放仍欠缺全面且正確的認識，擔任小熊野訓「班導」的我便決定在小熊回家之前，透過臉書以「南安黑熊小學堂」開講，以較專業的方式介紹黑熊野放的相關保育議題，讓大家可以因伴熊返家而提升對相關議題的認知，這也有助於小熊回家平安。宣導正確的觀念，避免少數「偽專業」的捕風捉影，窒礙了保育的進步。

世界上許多熊類的數量和分布皆已大幅減少。對於受威脅的物種來說，將失親的野生動物，飼育在收容中心或復育中心裡，之後再放回野外環境，可說是最簡單的「雙贏」方式，如此不僅可挽救這些個體，並且得以挽救在野外被隔離或衰退的小族群。然而，相較於其他動物（如鳥類或靈長類），成功的熊類野放則更複雜且困難，不只是因為熊的生物習性使然，加上熊普遍被認為對人類的生命財產具有威脅，從養育到野放的過程，對於大眾而言都是相當敏感的話題。

為什麼要野放小熊？

國外對於失親幼熊的處置提出以下四種做法：一、直接將牠們放回野外，任由大自然來考驗。二、永久照養於籠內。三、進行人道安樂死。四、飼育後，再野放。其中飼育孤熊再野放的作法則是目前最受推崇的，不僅可藉此機會向大眾宣導保育觀念，並且透過動物福利議題，提高社會關注的層次，使大眾支持並參與這些計畫，間接達成其他生態保育的目的。

就保育而言，動物野放具有以下目的：一、為了補充其他地區族群的個體（數量上或遺傳上），以提升族群存續力，比如考慮將小熊釋放到台灣黑熊族群狀況相對不樂觀的北台灣某山區。二、將熊隻釋放到目前已無蹤跡的歷史分布區，以重建族群，但此法至少需涉及一小群未來可繁殖的群體，而非單一隻而已。三、試驗野化復育的技術。四、將個體釋放回原來族群分布所屬的棲息地。另其他非直接攸關保育的目的則可能是為了提升動物的生活品質、減輕圈養機構飼養過多動物的壓力、提升大眾對於野生動物權的印象等。對於已屬瀕臨絕種的野生動物而言，小熊野放的目標兼顧保育、動物福利及人道的考量。牠若能成功地返回原棲息地，並且日後加入繁殖育幼的行列，將有助於台灣黑熊族群的興旺。

然而，熊類野放的成敗受很多因素影響，若要成功地野放小熊，到底需要滿足哪些條件呢？

小熊野放準備好了嗎？

野放達標條件

☑遺傳來源及健康狀況
☑覓食與獵捕技能
☑自然習性與環境適應
☑人類趨避訓練
☑野放鄰近地區社區支持與宣導
☑野放地點及棲息地管理
☑野放後追蹤及因應規劃

□健康狀況及遺傳來源

野放動物的狀況除了考量小熊本身是否可以自給自足、適應環境之外，還有牠的健康、年紀等。雖說世界上野放孤熊的年紀最小紀錄為六個月，但十一到二十三個月通常是較適當的時機。黑熊一般在一歲到兩歲時才會脫離母熊而自行生活，因此小熊至少一歲以上是比較適合的野放年齡。國外研究也顯示，熊的年紀和野放時的體重會影響個體的存活機率，在沒有人為狩獵情況下，野放時的個體重量越重時，生存機率較高。而野放的動物也需要十分健康，最好還具備足夠體型，若在遇到衝突或危險時，可以保護自己或逃離現場。此外，野放個體也須沒有任何傳染性疾病，避免釋放回野外後散布疾病的風險。南安小熊在野放前三週的最後一次健檢中，利用血液和其他檢體樣本評估牠的健康狀況，皆已達標。

遺傳來源也是野放的考量之一，這也是十年前特生中心兩隻圈養出生的幼熊未能如期野放的疑慮之一，因為無法確定牠們是否有混到非台灣黑熊的基因。由於南安小熊本身來自於野外，自然沒有這方面的疑慮。為求慎重起見，我們仍是將牠的樣本與現有台灣黑熊的基因庫資料比對，發現牠在遺傳上的確與玉山國家公園地區的族群屬於同一群系，比對雖未能發現牠的父母親，但竟也檢測出我們於二〇一五年曾經捕捉繫放的一隻雌熊，可能是牠的同胞姐妹。

野外求生技能及環境適應（野化訓練）

熊是學習力強的動物，野放成功的案例多以幼熊偏高，而非隨意的任何個體。長期圈養的結果會使動物變得不適合直接在野外獨自生活，故需要一個導正和訓練的過程，「保持熊的野性」並加強其野外適應能力，這是野放的重要前期工作。最後在根據其行為表現來評估該個體是否適合野放。

相對於將動物直接釋放至野外的「硬野放」（hard release），或是「立即野放」（immediate release），「軟野放」（soft release）或「延遲野放」（delayed release）則是指讓動物有相當的時間去熟悉擬野放的環境，如氣候、光線、地形等，但一般是在沒有天敵的圍籬內，並供應食物和飲用水，以減少需要覓食和避免被獵捕的緊迫。軟野放技術常用於人工環境下出生，或經人撫養的動物，已廣泛地被用於提升個體的野放成功率。

南安小熊野放計畫採用接近軟野放的漸進式技術。在技術上，很難在擬野放的偏遠山區興建足夠大的圈養場，讓牠適應該地環境。我們退而求其次利用國內唯一擁有自然森林的黑熊野放訓練場做為牠野放前適應山林環境的場域。這兒的環境和氣候與未來擬野放地點的環境不僅無太大差異，小熊活動期間還透過一系列的野化訓練，獲得許多野外食物，以及獵捕技能的訓練，強化未來小熊野放後的適應力。

國外研究顯示，野放成功率似乎隨個體年齡增長而降低，故擬野化個體以幼熊為主。加上幼熊的行為模式從強褓期到獨立生活的成長階段皆有所變化，因此瞭解圈養幼熊於野化過程中的食物適應及覓食行為模式，不僅可以提供未來野化過程中餵食上或圈養熊類管理上的重要參考，也可增進我們對於其覓食習性的瞭解。小黑熊食性野化訓練，包括食物的多樣性、覓食技能、獵食能力等。

因此，我們透過「與熊同行」（walking-with-bears）的技術，近距離的觀察小熊的食性和行為。這樣的方法早已成功地運用在馬來熊、美洲黑熊等案例，獲得了應用其他研究方法皆無法收集到的許多寶貴資料。

在熊類野化（rehabilitation）的過程中，對擬野放動物進行行為適應訓練，以增強其野外環境適應力。「覓食」是成長過程中最先發展出的行為，這不僅是動物生活史的特性之一，也會影響到野化訓練的成效，也是野放初期成功與否的關鍵。國外很多經人飼

野放森林訓練場。

養的熊野放計畫，熊多半是餵食人們可輕易取得的食物，如蘋果，玉米，麥片，狗飼料……，食材多數是採購自市場上的蔬果肉類。但之於南安小熊，我們則採用了大量的野果和各式蔬果，每餐菜色多達十幾樣，避免小熊「挑嘴」或偏食，並能夠熟悉和取食原棲息地自然的食物，這都是運用了軟野放技術的原則。

具有獨立謀生的技能是所有野放個體的基本條件，為此提供動物試驗和學習的機會是野訓過程不可少的。以蜂窩的測試來說，這是因為中國蜂（*Apis cerana*）是台灣黑熊野外重要且偏好的食物來源。但吃到蜂蜜之前，熊得有技巧來對付這些蜜蜂才行。小熊第一次碰見嗡嗡嗡的蜜蜂，搏鬥半小時後悻悻然離開現場，顯然有些招架不住這些會叮人的小蟲子，但我們還是提供一片蜂巢脾給牠作為獎賞。在第一天大快朵頤的獎賞之後，第二天再做試驗，牠毫不遲疑迎戰一群生氣的蜜蜂，快速從滿天飛舞的蜜蜂群中，拖出一片蜂蜜，順便把上頭的蜜蜂一起吃下肚！看來昨天的獎勵奏效了。所以，小熊野訓計畫中「吃飯」這堂課的教學目標是：一隻野外台灣黑熊會吃的東西，小熊都要會吃，但看來有些的確需要學習。

教小熊吃蜂蜜不會提升人熊衝突嗎？

這樣的警覺性提問似乎不奇怪，但這似乎忽略了野放訓練的全面考量。

首先，蜂蜜本來就是台灣黑熊的偏好食物。前年屏東也曾發生蜂農養蜂場遭熊危害的情況，還好遇到好心蜂農通報，立刻移除所有蜂箱後，熊就不再出現了。這些「意外的訪客」之所以會到養蜂場吃蜂蜜、到雞舍吃雞、到山屋吃廚餘垃圾，並不是因為有人教牠們吃這些東西，只因為這是牠們的選擇，是求生的本能。第二，野訓過程中，讓小熊擴大覓食的食物種類是關鍵，避免小熊偏食。我們平日會避免提供蜂蜜，因為這本來就是熊最喜歡的食物。也就是說，提升小熊對於各種食物的適應和取食能力而不易挨餓，才是避免人熊衝突的關鍵之一。

此外，人熊衝突的因素極為複雜，絕非僅是動物喜歡哪種食物而已。因為對人戒慎的動物如台灣黑熊，若自身可輕易餵飽自己，除非必要（如野外食物極為欠缺，或人類縱容動物吃廚餘等），否則根本不會鋌而走險靠近人類活動頻繁的地區（如滿園的蜂箱）。人熊衝突的防範之道，更重要的是人類活動和行為的管理，以及管理單位的正確因應方式。最後，成功的野放或人熊衝突的避免還涉及野放地點的選擇，須盡量遠離人類干擾頻繁的地區，以及當地民眾的配合。

被熊破壞的蜂箱。

□人類及陷阱趨避訓練

不像鳥類或靈長類的野放，野放熊還涉及一個令人掛心的議題，那便是可能因為圈養和照養的過程讓熊習慣人類的存在，導致野放後人熊衝突的機會提高，如此則可能讓公眾對於保育計畫的認同和接受度有負面影響。因此，對於有被人圈養經驗的小熊而言，必須經過一系列訓練，讓牠對人產生一隻野熊應有的戒心及嫌惡，甚至看到人就逃離。

想要野放已經被人類長期飼養的成熊，幾乎不可能，牠們接觸人類因而產生正面強化作用，對人已有嚴重的倚賴性。若要野放孤兒幼熊，則需儘量減少與人類的接觸。利用熊對於人類的負面制約訓練，讓熊迴避人類，則會增加成功野放的機會。因此，南安小熊野訓期間，不僅團隊成員儘量減少與小熊的不必要接觸，同時也限制其他陌生人的接觸。

儘管如此，小熊在野訓期間還是無法完全避免與野訓人員接觸，因此最後他已不太怕我們，但多少仍能區別與陌生人的不同。這對牠野放之後，並不是件好事。所以，我們必須讓小熊在回到山林前斷離與人之間的連結，且要變得懼怕人類。因此，在預定野放的三星期前，我們開始幫牠進行陌生人

第十一次陌生人驅避試驗，一人在樹下煎煮培根，
小熊趴在樹稍上一小時仍不敢下來。

趨避訓練。

我們每次都邀請不同陌生人進場，甚至主動接近小熊，然後製造各種巨響和吆喝、甚至用防熊辣椒噴霧嚇跑小熊，直到小熊看到陌生人就會跑開或躲起來為止。期間共十一次訓練，總計三十一位熱心民眾參與當「壞人」。同時，進入野放前兩週時，野訓人員也全數撤出小熊的視線，餵食時也不進入森林訓練場，只從圍籬外丟進去。這樣的「斷捨離」過程，不論對我們還是小熊來說，都是非常痛苦的過程。但是為了讓小熊在回家之後避免惹禍上身，學會躲避人類是絕對必修的課程。

□野放鄰近地區之社區支持和宣導

台灣黑熊的活動範圍廣泛，因此很難說滿山遍野跑就不會遇到人。因此，提升人對黑熊的正確認識極為重要。小熊野放前，我們團隊親自至野放地點鄰近的村落，如卓溪鄉南安和中正部落，進行相關的溝通和宣導，旨在告知當地民眾有關小熊野放計畫的執行現況及作業方式、目標、效益等等。我們也藉此機會聽取當地人對於野放計畫的意見，以消弭當地人對於黑熊野放的任何可能疑慮、誤會、恐懼，並尋求支持和認同，與當地發展可能合作的夥伴關係。

野放地區鄰近部落長老為小熊祈福。

卓溪鄉部落的大人小孩們皆支持小熊野放回祖靈的山林。

小熊野放之後，在該地區活動的人們（如當地居民、山友）必須瞭解萬一遇到熊的因應做法，確定不會採取錯誤甚或非法方式傷害野放的個體，例如餵食或捕殺等。鄰近野放地點的社區民眾現場熱情表示願意支持並協力配合「南安小熊回家」的計畫。

此外，當地民眾也須瞭解有熊出沒通報系統，如台灣黑熊保育協會官網，或當地相關管理單位如花蓮林管處等。除了看到熊便立即通報之外，同時藉此雙向溝通的機會，瞭解當地非法狩獵可能發生之區域，及重要相關人士等資訊，以利進一步實地調查和尋求配合。除了持續與地方保持密切溝通之外，團隊也須適時提供黑熊野放後之相關資訊，持續提高社區對此事的關心和興趣，以及加強建立黑熊保育的正面態度，並間接遏止非法狩獵可能對小熊甚至其他動物的威脅。

□野放時間地點評估及棲息地管理

由於小熊野放時的年齡才一歲，活動範圍相對小，加上才剛野放時，不論是覓食還是捕獵的技術都還相對不純熟，因此野放的地點和時間都需要慎加的考慮，才能幫助小熊提高存活率。小熊野放地點的選擇，必須考慮以下因素：

一、豐富的食物資源和水的供應：這也是小熊野放挑選在春末的原因，此時山區野果漸趨充沛，且在颱風季之前也讓小熊有足夠的時間探索環境。此時，大家熟知的台灣黑熊長期研究樣區大分，則未必是首選，因為十一月至次年一月以外的季節，該地除了青剛櫟之外，其他重要性植物食物來源是相當有限的。況且青剛櫟的豐歉年明顯。反之，值青剛櫟大量結果期時，又有過多的熊集中此區活動，對野放個體恐怕也都是挑戰。

二、低熊密度：野放地點原本居住該區的熊隻數量不能太多，仍要能容納其他個體加入才行，避免個體間的嚴重競爭。反之，一個導致熊數量減低的威脅因素尚未被改善，或適當控制的地區也不宜。但屏除某些地點的特殊季節性考量（如上述的大分），台灣目前應該還沒有一個所謂高熊密度的地方。

三、低人類密度，以及遠離人類活動（如農業、牲畜、狩獵等）頻繁的地區：如此才可避免野放個體可能擾民的誘因，並減少有意或無意的人為獵殺風險。因此，小熊野放之前，野訓團隊、花蓮林管處以及部落居民也前往擬野放地點進行現場探勘及巡邏，並評估非法狩獵活動及程度。當然，在野放地區，加強提供大眾相關保育資訊和教育宣導，以及與地方管理單位的合作，也將會有所幫助。

野放地點的選址考量因素繁多。

一旦決定確切野放地點後，野放前需現場搜尋及移除可能的陷阱，並定期加強巡邏，減少非法活動可能對於野放個體的影響。這同時有賴台灣黑熊通報系統的全面啟動，任何民眾一旦發現已標記的黑熊，或於樣區發現非法狩獵皆可隨時通報。

在上述這些因素中，最重要的因素無疑是野放的地點，最好是人煙罕至的地方，有熊類學者建議最好確保小熊在野放後至少前兩週不會碰到人。然而在執行操作上的考量，還須考量野放小熊時的運輸方式，如使用汽車或步行，甚或直升機的可能性等。南安小熊是在玉山國家公園外圍的南安瀑布附近發現的，所以就直接把通過野訓後的小熊直接放回被發現處（南安瀑布）嗎？答案顯然不是，該區明顯是人類干擾頻繁地區。

相關管理單位對於小熊活動的潛在區域也應加強即時性的棲息地管理，如限制非法活動和無痕山林遊憩等，以確保野放成功。

□野放目標、野放後追蹤監測及緊急情況因應規劃

如果成功的野放，是定義個體返回野外後可獨立生活，那麼欲達南安小熊的成功野放，則將不僅止於打開籠門釋放熊回山林而已，還需持續密集追蹤野

放後的適應和存活狀況，並且不會產生人熊衝突，甚至必要時還得人為介入管理，以達到保育的目標。這也是保育野放與民間常見的「放生」之間最大的差異。

有學者建議用兩個角度來檢視定義野放是否成功：第一階層為野放的熊能相當適應野外的生存，且避免與人類的接觸。第二層面則是野放孤熊的生活特性與野外熊相似，包含野放後的活動與繁殖。為此，野放之後，小熊的去向、狀況都是需要持續追蹤，小熊能夠順利生存、繁衍，這個野化訓練才是真正成功。最理想的是，將野放的熊繫戴頸圈發報器，並密集監測。因此，所有的野放行動應該被視為一個實驗，明確的界定監控行程和目標。

例如，在一份跨越三大洲十二個圈養單位野放五百五十隻孤熊的評估報告（二〇一五年）中指出，這些由政府執行並授權的熊野放計畫，多會選擇合適與人煙稀少的區域野放。熊皆會用耳標標記，同時配戴無線電ＶＨＦ或衛星ＧＰＳ項圈以追蹤野放後的存活率，以及特殊原因致死、人熊衝突、移動和繁殖等狀況。

我們也為小熊體內植入晶片，因此若有機會接觸牠時，晶片掃描機便可感應辨識到晶片特定號碼。耳朵上的兩個鮮豔的紅色和黃色大耳標，搭配特定

無線電追蹤系統是
野放後監測動物的重要工具。

的數字，讓人遠遠看到時便可辨識出牠。之後可進一步通報研究團隊或管理單位，或不去干擾或侵犯牠。

只不過一般人都很討厭看到野生動物身上掛著人為的標記（如耳標）或追蹤器（如頸圈），然這樣做卻經常是「不得不」的措施。殊不知有時這些身上的標記甚至可能成為動物的「護身符」，一則是讓研究者追蹤到動物的活動狀況，必要時還可即時因應處理，二則很多國家是禁止獵殺有研究標記的動物的。例如，在我早期的研究，便曾有獵人向我說，林子裡看見一掛有頸圈的黑熊，知道是我繫放的個體，就不打（獵）了。

無線電追蹤的原理是在動物身上掛發報器，發出特定頻率的無線電波，追蹤訊號來源，透過系統化的資料收集，有助於研究者瞭解該動物之行為模式和移動路徑等資訊。台灣山區崎嶇的地形和植被

複雜度，利用人造衛星或一般無線電追蹤系統，即可即時掌握小熊所在位置，並監測活動狀況。一旦定位資料顯示，追蹤的動物頻繁活動於人類密集活動處，如山屋或聚落附近，或滯留單一地區，團隊則應考慮前往現場，並在不干擾小熊的情況下瞭解狀況。必要時得採取及時性的行動（如勸導民眾、加強非法活動的取締，甚或驅趕或麻醉動物），避免不必要的憾事發生。若動物的狀況不佳，甚或產生嚴重的人熊衝突的情況，也不排除須立即捕捉動物，以暫時性或永久圈養。

另外，這套追蹤系統的另一功能是回傳「死亡訊號」。若訊號顯示動物在一個位置超過一天不移動，則表示動物可能死亡，或是頸圈脫落，研究團隊將可進一步實地探查，以確認狀況。監測系統無疑是在協助動物野放後成功的適應環境，並增加存活狀況。

尊重生命原有的樣貌

野化訓練和野放的意義在於尊重生命原有的樣貌，以及整個區域的動物保育。當我們可以正視這些生命的需求，並且能夠撇除人類錯誤、自作聰明的私慾，給予這些野生動物適當的環境、適當的訓練，並且讓牠們回歸自然時，才是真正幫助到這個動物。在幫助一個動物的同時，這樣的精神將會渲染到關注這些事情的人們，就可以讓台灣野生動物的環境和保育得到改善。即便我們能夠為台灣野生動物做的事情看似微乎其微，我希望能夠透過這隻小熊的故事，來傳達野生動物保育的精神。

我相信，我們一定可以共同守護這隻小熊「妹仔」！如果連牠都守護不了，面對浩瀚蓊鬱的山林，我們還能守護什麼？

無線電追蹤會不會干擾小熊？

無線電追蹤的目的，是為了野放後追蹤監測瞭解小熊的行蹤，並達到及時預防性介入保護和管理的作用。

小熊繫掛的桃紅色人造衛星發報器追蹤項圈是德國製造，也是很多國家的熊類追蹤所採用，市價二十五萬元（不含資料傳輸費），由台灣黑熊保育協會贊助。透過全球定位系統追蹤，可下載衛星定位的最即時點位資料，掌握動物行蹤。項圈同時具有VHF發報器，可讓研究者利用地面無線電追蹤的方式，監測小熊的所在位置及行走的路徑。無線電波的訊號，動物本身當然聽不到。但藉由研究者手中的接收器，當動物在偵測範圍內（如黑熊發報器約一到三公里內），便可接收到電波的頻率和振幅變化，也就是訊號快慢和大小聲（嗶嗶聲），藉以判斷動物活動狀況。

對一隻還在成長的個體而言，繫掛發報器需格外謹慎小心，必須考量頸圈能夠隨體態增長而調整變大或具延展性，以免對動物造成壓迫。同時還需考量自動脫落系統的設計，也就是說，當發報器的電池耗盡時，頸圈會自動脫落，避免讓動物再帶著沒有研究功能的器材。這些都是最基本的動物福利考量。

小熊項圈重量為其體重的一．七％，比一般學界建議的五％為低。我們還特別增設四段式延展性裝置，皮帶上有鈕扣數個，會隨小熊成長頸圍擴大而磨損縫線導致鈕扣脫落，從而延展

人造衛星發報器。

項圈長度，減少對動物頸部的壓迫。此外，這套系統本身具程式設定的功用，電力預計二年，但目前我們設定改為一年後自動脫落。但考量萬一程式設定失靈，我們另增設自然分解法脫落系統，加裝一段牛皮，如此在野外風吹日曬雨淋和壓力的作用下，較脆弱的牛皮便會自然分解斷裂（以先前黑熊研究經驗來看，曾有不到一年便脫落的個案）。項圈脫落後，便無法得知小熊在哪了。

小熊野放有可能會失敗嗎？

有的。野放的失敗代表著這隻熊無法真正回歸自然。其中較為常見的例子就是人熊衝突、意外死亡。

人熊衝突是國外野放失敗最主要的原因之一，其中不乏熊受到人類食物吸引後進行搶食、或是進到人類的區域進行覓食等等，這樣的熊也被稱為「問題熊」。在國外，這樣的熊通常會進行行為矯正，以威嚇、噴辣椒噴霧等方式讓熊不敢再次接近人類，但是若次數過多，熊可能就會走上回到籠子被圈養，或甚至被安樂死一途，這樣的結局都不是任何人樂見的。

意外死亡，最常見的就是誤觸陷阱，或遭人獵殺。台灣山區仍常可發現各式陷阱，這些陷阱雖然不一定會使熊馬上致命，但缺手斷腳的熊，不論是在覓食、對抗別的熊來說，都是弱勢，在人道立場、自然保育的角度來說，都是非常令人心疼的。

野放成功與否，野訓團隊和熊本身能做的仍是有所局限。因此，想要真正成功野放小熊，需要民眾和各相關管理單位的配合和努力，二者在有熊出沒的地區都需要知道如何處理遇到熊的情況，同時加強非法狩獵的通報和查緝，還給黑熊和其他野生動物更好的山林。

圍籬外的野地，才是真正的「家」。

Q&A

我們可以為野放的小熊做什麼事情？

除了關心小熊之外，我們可以從生活中以及社群媒體上推廣台灣野生動物保育的相關資訊。此外，我們也可以注意在登山的時候，不要隨意丟棄食物、垃圾，還給山林最原始、自然的環境，並且在登山時配戴熊鈴、適時發出聲響，使熊知道這裡有人，這樣可以幫助熊減少和人面對面的機會。一般民眾也應該杜絕消費山產和熊類相關產製品，徹底根除非法野生動物買賣市場。

如果是住在鄰近野放小熊山區的部落，可以積極參與野放小熊的說明會，瞭解小熊野放之後可能給部落帶來的影響，以及瞭解若是遇到熊該如何應對。此外，除了個人應避免非法狩獵活動之外，若有發現相關不法活動則可儘速通報相關單位，以實質的行動來幫助小熊。

第七章

野放之路

——祖靈的孩子要回家了

小熊落入人間，歷經兩百八十天的安置收容，完成一系列野化訓練，離回家之路越來越近了。相關管理單位（林務局或花蓮林管處）也召開了不下六次有關小熊安置及後續因應措施，以及專家諮詢會議後，林務局於四月二十三日召開記者會，向全民宣告小熊要回家的好消息，現場由我報告小熊的現況和野放「達標」水準。從小熊失親到被救傷安置以來，媒體極為關注小熊照養和野訓的進展，協會特致贈高畫質「小熊要回家」紀錄影片，記者會中分發各媒體播放，與全民分享。

小熊野訓結業式

事實上，林務局於四月十七日召開「南安小黑熊野放訓練及後續處理第三次工作會議」，與會委員們對於小熊的狀況皆表滿意，一致同意小熊可以回家了。但是，送小熊返回山林的運輸工具——直升機，卻一直未有著落。根據該會議記錄，空勤總隊建議林務局先尋求民間資源的可行性。台灣黑熊保育協會之前早已與多家民間航空公司聯繫，方知這些申請流程繁瑣費時。考量小熊日益成長，加上對人類趨避訓練已近尾聲，若延遲野放，不僅小熊可能又會漸漸地習慣人，另一方面則是梅雨季甚或颱風季也即將到來，小熊不知何時會在森林野訓場上演「越獄記」，因此若能如期野放，應該是最好不過的事了。

所幸，之後經迂迴溝通並由農委會至函內政部，終獲內政部徐國勇部長的支持，表示：「訓練不忘保育」，最終協調空勤總隊支援小熊回家的重責大任。最後，四月二十三日，林務局於農委會召開記者會，正式宣告南安小黑熊的野訓結業，即將返回山林的好消息。

不就搭個飛機回家而已嗎？

野放不是籠子打開讓動物跑掉這麼簡單而已。在國際上，大型野生哺乳動物的野放，常用汽車或直升機載送，然多數小型直升機因為機艙空間有限，動物往往必須吊掛在直升機下方。由於野放小熊的地點經評估後選擇在人煙稀少且地形複雜的偏遠山區，步行數日方能抵達，直升機是唯一可行的載運工具。從小熊野訓地點到野放地點的飛行時間約一個小時，所幸空勤總隊支援的黑鷹直升機機艙有足夠大的空間，運輸籠可以和部分人員一起搭乘，小熊也免受吊掛的晃動和風吹日曬所苦。

然而，送小熊返回山林與當初帶牠到特生中心野訓場的情況全然不能同日而語。當初牠不足七公斤，一個寵物塑膠提籠即可應付。如今牠已重達四十三・六公斤，力氣大、趾爪銳利，下顎已能輕易咬碎動物的骨頭。要運送這樣強壯的動物有其危險性。因此，我們特別訂製了一個使用一・五公厘厚的沖孔不鏽鋼板組成的運輸籠（一百二十×七十×七十公分）。小熊肩高約五十一公分、體全長約一百〇四公分，牠在籠裡不會太過擁擠。籠子可拆解，方便野放後將籠子揹下山。運輸籠完工後，獸醫團隊認為不夠通風，我們在卓蘭還緊急找鐵工協助，多開挖了好幾個通氣孔。之後，又因為擔心金屬反光會影響飛行和干擾隨行人員觀測動物情形，臨時又將籠子噴成迷彩色，再貼上事先準備好的小熊貼紙。所以，飛行的前一天傍晚，整個野訓團隊和剛抵達的臺北市立動物園獸醫團隊就團團圍住這個運輸籠，做最後的把關。十幾個人邊加工邊談笑，稍稍化解臨行前緊張的氣氛。

關於是否麻醉小熊運送，獸醫團隊（野訓小組、臺北市立動物園及花蓮林管處）早已反覆討論多次。若動物在清醒狀態下運送，於籠中躁動或掙扎，可能會讓自己受傷，也將對機上人員造成很大的壓力。反之，若在麻醉下運送，麻醉本身亦有風險，直升機的噪音刺激可能會讓小熊需要更重劑量的藥物，若

組裝小熊運輸籠。

再因為飛行中的顛簸而引起動物嘔吐，還可能引發致命的吸入性肺炎。另外，高空低氧環境也是不利條件，若飛行途中若有突發狀況，獸醫恐也不易及時妥善處置。最後，獸醫團隊決定在野放前兩日就開始給小熊口服鎮靜劑，混在食物裡吃，並計畫在飛行前十二小時做短暫麻醉，繫掛人造衛星頸圈發報器後再移入運輸籠，好讓小熊慢慢清醒並先適應籠子。如此，清晨便能在輕度鎮靜的狀況下，「醒著」搭飛機。

小熊野放工作小組原本計畫由五位成員陪著小熊一起搭機回家，包含我和獸醫張鈞皓、林務局技士朱何宗（也是獸醫），和曾在南安瀑布替小熊輪守的布農族森林護管員江建中大哥，以及協會隨小熊成長記錄的固定專業攝影師一名。但在野放前一週，為了極大化隨機的團隊應變能力，我們決定再增加一名獸醫，也就是野訓團隊江宜倫上機。因為機位有限，只得讓江大哥改加入地面部隊。野放小組與獸醫師團積極準備了近一個月的時間，就是為了遇到各種突發狀況時能有最佳的應變能力。

因野放地點須徒步二、三天，除了搭機運送小熊和部分成員之外，地面接應部隊包含花蓮林管處人員、台灣黑熊保育協會野訓團隊其他成員、部落巡護人員、特派專業攝影團隊、保警第七總隊，以及曾支援小熊健檢的花蓮當地陳

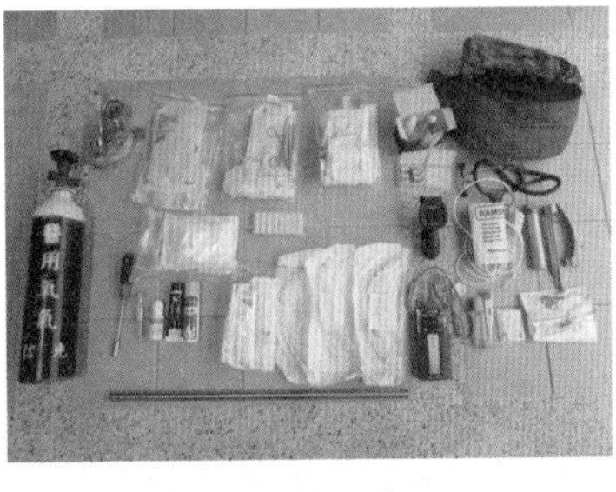

野放獸醫隨扈攜帶的緊急麻醉與急救器材。

儒頎獸醫師，並由林務局玉里工作站技士王寗領軍。地面部隊總共二十五人，背負相關食物和器材於野放前兩天先步行上山，屆時還可協助搬運空運抵達的小熊運輸籠至指定地點。

有關野放當日的實況公開，主管單位於三月八日的「南安小黑熊野放訓練及後續處理第二次工作會議」中也特別提出討論。有委員考量特生低海拔試驗站的聯外交通及小熊運輸動線問題，不適合媒體拍攝。此外，野放地點地處偏遠山區，難以到達，我們也憂心媒體團隊上山的安全性，以及各家報導的公平性。最後，會議決議有關現場的影像紀錄則委由協會和花蓮林管處之生態專業攝影團隊執行，現場不開放給媒體跟拍，之後於野放後安全期再統一提供母片

卓清村何村長帶領眾人於登山口進行布農族祈福儀式。

給各媒體剪輯運用，以期讓全民參與這劃時代的歷史見證。

道別：祖靈與山神庇佑的野放行動

四月底，已進入梅雨季節天氣十分穩定。四月二十八日，地面部隊於登山口整裝待發，花蓮林管處楊瑞芬處長特別來送行，卓清村何成忠村長帶領眾人進行祈福儀式，祈求祖靈保佑小熊及上山人員平安，野放順利。

四月二十九日，野放前一天，上午我依獸醫指示的時間一人前往森林野訓場餵食小熊最後一餐，順便向牠道別。因為進行陌生人趨避試驗的關係，我已經十七天沒有見到牠了。想念，但不如不見，因為我已屢次被勸告不要親自扮演「壞人」，免得讓牠精神錯亂了。但我的確也是幕後的大壞蛋，安排了一系列的人馬去給牠進行驚嚇試驗，內心說沒有罪惡感真是騙人的，不捨就更不在話下了。

我在森林訓練場圍籬外，喊了幾聲牠的名字，再爬牆偷看森林內側，過了好一會兒，見牠緩緩靠近入口處，身後還緊跟著熊麻雞。「牠竟然還記得我！」牠看起來又長大了一些，神采奕奕，整隻烏黑亮麗。想到這對姐妹花再過不久就要各奔東西了，心中不免悵然，於是趕緊爬下圍籬不讓牠看見我。我隔著圍籬，一一把食物丟入森林裡四處，然後趕緊離開現場。

下午五點，臺北市立動物園獸醫團隊已抵達，並偕同野訓團隊獸醫前往野訓場麻醉小熊。麻醉後，我們以最快的方式，幫牠繫掛上經過特別延展和脫落設計的桃紅色人造衛星發報器。這是牠回家後向我們報平安的唯一工具，可每日定時回傳所在的ＧＰＳ位置，程式設定明年五月一日自動脫落。隨後我們將小熊搬進讓大夥兒忙了一個下午的運輸籠內，再抬到明早直升機預計會降落的草地的林邊樹下，讓牠逐漸甦醒並適應籠子。

晚上，野訓隊員們摸黑進入森林野訓場裡，將熊麻雞帶回。當雞遞到我手中時，捧在胸前竟然有一股淡淡的香味，完全沒有雞屎味，著實讓人太意外了。牠安安靜靜的，毫無掙扎，難道牠也認得人？小熊自森林離場的同時，台灣黑熊保育協會也幫牠的好朋友熊麻雞另尋新家，即夢想台灣黑熊藝術館，安養天年之餘，讓人見雞如見熊。

這下，換我擔心起雞來了。沒有了森林，也沒有了熊閨蜜，牠會習慣台北的水泥叢林生活嗎？是不科學，但我一直認為牠是土地公派來陪小熊的信使。

後來據聞在隔日各奔前程北上的途中，熊麻雞氣定神閒地生了一個蛋，而且咕

咕唱歌。我們不確定這是不是牠的頭一個蛋？如果不是，熊麻雞到底已「招待」小熊吃了多少蛋呀？

野訊團隊臨行前這晚依然忙到三更半夜，試驗站燈火通明。入睡前，我原本想寫封像家書的文章，好紀念這段人熊因緣，但因體力不支而擱筆，就成了一封短函。

臨行前給小熊的一封信

我原本是不想和你混太熟的，想和你保持一點距離，這樣對你我都好。看著你孤零零地在籠舍裡、在森林裡，自己找樂子玩，總有幾分心疼。

在森林野訓場裡，你像回到家了。除了吃，偶而睡個午覺，就是探索新世界和玩耍了。你的快活，很振奮人心，讓人心花怒放。

我已經二個星期沒見到你了。心想經過十次的陌生人驚嚇之後，起碼今天上午，讓我來餵你最後一餐。
我在圍籬外頭呼喊你的名字，然後趴在牆上偷窺。
沒想到，你竟然出現了，後頭還跟著熊麻雞。
你就這樣走過來了，莫非你也想念我，還是來道再見。
你還認得我，願意信任我，那怕我多次揹人前來讓你吃苦頭。
您還認得我，讓我心安，你原諒我了，我沒讓你「精神錯亂」。
但我還是得趕緊退下，不能亂了你我分寸。

在野外，我透過排遺、腳印、
爪痕等蛛絲馬跡探索你的存在，
或透過無線電追蹤估量著你曾去過哪兒，
但就是從未有幸與你同遊森林。
你是我見過最美麗、最可愛的熊，
遇見你之後，我才驚覺，
或許我從未瞭解台灣黑熊也不一定。

回家前的道別，最後一眼。

謝謝你給我這個機會，
謝謝你走進我心中，
謝謝你用愛化解了我的憤怒，
讓我隻身態徑上可以不再感到這麼疲憊。

原本，台灣黑熊只是我博士論文的研究對象，
但斷掌的黑盒子打開之後，
黑熊，卻變成了我的使命，因為憤怒與不捨。

但是，遇見你之後，
我的心中開始住著一隻活蹦亂跳的小黑熊。
親愛的小熊，謝謝你。

——Ali-Duma 四月三十日凌晨一點四分，烏石坑低海拔試驗站

起飛

四月三十日，預計起飛日。清晨烏石坑試驗站五點天才濛濛亮，獸醫師給小熊吃了飛行前的最後一點食物和水，試驗站的眾人已整裝待命，天上爽朗無雲。昨晚剛抵達山上的地面部隊這天也是在天還沒亮之前，便已動身前往野放地點整理場地，並觀測天氣。我們也收到現場回報天氣良好的消息。六點，空勤總隊通知我們直升機將如期從花蓮基地起飛，預計飛行四十分鐘抵達烏石坑，再飛行七十分鐘後抵達野放地點停機坪。

小熊真的要回家了！

六點二十四分，直升機緩緩降落在試驗站的大草坪上，強風壓吹得眾人都站不穩。指揮官示意運輸籠先上飛機，大夥兒六、七個人扛著運輸籠並依照指示安置在機艙後側，其他人再陸續上機，聽從指揮官安排位置。唯一跟拍紀錄的攝影師和扛著大小包醫療器材的獸醫師張鈞皓坐在運輸籠旁，我和另二名獸醫則坐在中間第三排座位。我前頭除正副駕駛員之外，還有二名飛行員。因為安全帶和座位後方隔板的關係，我僅能勉強轉頭看到斜後方的獸醫師鈞皓，至於後機艙的其他人我就看不到了。這樣的座位安排有點出乎我意料，因為運輸

籠旁僅有一名獸醫監視小熊狀況。我暗自祈禱平安無事。

在機上，獸醫師會負責監控動物的情況，以便隨時採取應變措施。如今小熊的狀況只能靠鈞皓一人監測。事後鈞皓表示，他透過運輸籠的通氣孔觀察小熊，看得出小熊對噪音和陌生環境感到不安，運送過程中嘶吼了許多次，還好沒有更劇烈的掙扎。他需要頻繁地查看牠，注意狀況。除了用鋼瓶持續對運輸籠灌注氧氣，多少提升動物身體的氧含量之外，他大背包裡全套的緊急麻醉、急救器材到後來通通是備而不用。

每每空中俯瞰台灣中央脊樑的重巒疊翠，總是令人感到驕傲，這是我們的護國神山，也是台灣黑熊和許多野生動物的家。或許是天氣好加上飛行員技術護國神山。

高超，近一個小時的航程並沒有任何顛簸感。七點十分，直升機降落在停機坪，地面部隊十幾個小小的身影都已經在旁等待了。這回換我們人員先一一下飛機後，地面部隊立即靠近直升機接應把運輸籠抬下，七手八腳快速地將運輸籠搬離直升機處。小熊落地後在籠中顯得有些慌張，但並無大礙。直升機隨即離去，我立正向機組人員舉手敬禮，感謝他們的大力幫助。

直升機離開後，我們趕緊將運輸籠搬運到預先整理好的位置。這個野放地點是之前團隊探勘場地時挑選的，位在邊坡上一塊小巧的平坦地，周圍沒有危險陡峭的地形，還有一條平緩的小溪溝。這兒將是小熊重新認識家鄉的起點。

小熊交給獸醫團隊關照，我等隨即調整籠門的滑輪和繩索，確定稍後開籠的操直升機一降落，守候多時的地面部隊趕緊來幫忙扛出小熊運輸籠。

作流程，以及安排攝影機的位置，以期減少對小熊出籠之後行進動線的可能干擾。

最後片刻的等待

將運輸籠在林中安置好之後，全組人員撤退，好讓小熊靜靜地待在籠子中，平復驚慌的情緒、適應環境。在動物仍驚惶未定時，絕對不是野放的好時機，且小熊仍有鎮靜劑的作用，必須由獸醫師觀察確認藥效退去後，才能讓小熊回歸山林。期間獸醫每個小時到籠邊評估一次小熊的情況，並適時提供食物和飲水。

小熊在林中獨處之際，眾人則趁空檔各自躲到陰涼處休息。為了準備這回家的最後一哩路，野訓團隊人馬已經嚴重的睡眠不足，其他工作人員於兩日的跋山涉水之後，今日也都天未亮便起身，一早趕到停機坪來接機。一時，有的現場倒地補眠，有的則喝茶聊天，小熊平安抵達終於讓大家都鬆了一口氣了。

在等待牠在運輸籠內完全甦醒之際，我望著眼前這片熟悉的蓊鬱山林，想

等待小熊完全甦醒前，工作人員就地補眠。

像著牠日後馳騁山林的自由畫面，同時寫下了對牠欲言又止的話。

送妳回家，
對我們來說是一件神聖而莊嚴的任務。

從妳失怙落難，
到整個有熊家族的日益殘敗凋零，
都是我們人類造成的，
所以，我們滿懷愧疚。
輕輕地把妳捧在手心，生怕一碰就碎了，
盡全力細心呵護，
希望多少彌補一點點罪惡感。

那怕已為妳選擇最合適的地點，
我們依然無法保證妳回家後會一切平順。
因為妳有自己選擇的路途，

而家，仍是危機四伏。
想到這兒，就讓人更揪心。
我們整個工作團隊盡心盡力，
為妳，心甘情願。

回家的路，崎嶇蜿蜒又跋山涉水，
真的不是一件容易的事，
但我們都很榮幸陪妳走這一段。

如今，我們把妳交還給山神，
回到祖靈的懷抱。

——Ali-Duma四月三十日十一點
（停機坪）

開了門，小熊謹慎踏出步伐

門開了：臨行依依

到了下午一點半，四位獸醫師一致同意，小熊可以野放了。

下午兩點，陽光從森林樹縫隙中灑落林間。在這之前，小熊已經在籠子裡休息約六小時了，等待鎮定劑藥效確實消退，也吃飽了。

眾人屏氣凝神，我站在籠旁將運輸籠門緩緩提起，小熊並沒有立刻衝出來，靜靜地坐在籠內觀察外界的動靜……幾秒鐘之後，我才見到籠口冒出的黑色身影。牠小心翼翼地踏出了步伐，如太空漫步般地一步一步踏出，並謹慎地環顧周圍，看得出牠的遲疑和徬徨。向前走了幾步之後，牠回眸朝我們一看。嗯……應該不是臨行依依說「再見」吧，只不過這就是牠的風格。牠在約七、八個月大時，剛被移置到森林野訓場時，也是這樣子，而且這般行徑還持續了一整天。這是一隻十分謹慎的小熊，面對全新的環境，附近還有一些「可怕」的人，怎能不小心！

我隨後舉手比出手勢，示意野訓小組的二位夥伴點燃鞭炮，往小熊旁邊擲去。那怕在這最後關頭也不能讓小熊有一絲覺得人類友善的想法，否則可能會前功盡棄。小熊驚慌地跑開，在山坡旁繞了一圈後又停了下來，一時似乎不知受到鞭炮驚嚇，小熊趕緊爬上樹躲避。

道該往哪去。最後，小熊爬上了一棵大樹，這是逃避危險的典型反應，我示意眾人立刻撤離現場。

到了傍晚四點，地面無線電追蹤一直沒有收到牠的訊號，我想牠或許走遠，不然就是找了個隱蔽的角落躲起來了。我們折返回到野放地點，現場悄然無聲，還是沒有無線電的訊號。我們合力拆解了運輸籠，返回營地。晚上入睡後，下起了大雨。今晚不知牠會找哪棵樹睡覺過夜？

五月一日，早上飄著細雨，山谷裡雲霧繚繞，我們仍是沒有收到牠無線電追蹤的訊號。籠門開後，迄今十九個小時內都沒有牠的訊號，讓大家都十分不安，這也是為何野放後需要追蹤監測的原因。剛野放後的動物通常不會立刻跑遠，莫非牠還是仍然躲起來，抑或頸圈掉了，甚或故障？直到人造衛星電話那端傳來消息，山下研究室的留守報告了小熊的經緯度座標。現場大家驚呼喝采！最近的點位是清晨五點的人造衛星定位點，我們趕緊在地圖上標示出所在位置，牠已移動了一公里之遠，在約二千公尺高的山稜上。這小屁熊還真「搞怪」，但沒有人怪牠。

奇怪！小熊不是都回家了嗎？但為什麼大家，包括我自己，還是這麼不放心呢？最後，現場留下持續監測的獸醫和工作人員共六人，我等其他人便下

山。小熊，再見！

門開，
一串鞭炮響，慶祝妳的「重生」，
也再次提醒妳「別靠近人類」。
入夜，
一場雨，洗盡妳身上的人間味，
也抹盡我們遺留在林子裡的足跡和氣息。

之後，妳是妳，我是我。
親愛的孩子，加油。
回家快樂。

——Ali-Duma五月一日七點
（小熊野放山區）

山下通報點位之後，團隊趕緊標示出牠的所在位置。

我和台灣黑熊保育協會的夥伴們，如釋重負。

野放結束後工作人員的大合照。

後　記

山上・人間

——許台灣黑熊一個美麗的未來

非法狩獵的陰霾——驚悚的下山路

五月二日下山第二日，天氣依然不穩定，雨勢忽大忽小。

部落巡護人員揹著拆解的運輸籠走在前頭，我和攝影團隊殿後。離登山口九公里處，步道傳來陣陣屍臭。在山上遇見動物屍體或屍臭並不奇怪，在有熊森林裡，也有可能是黑熊吃剩的獵物。我在步道上，隱約看見草叢中被踏出的大腳印和路徑，應該只有黑熊或人所為。我放下背包，繫上山刀，走在前頭循著氣味和足跡下切，看見了新鮮的小灌木砍痕，顯示有人曾經過此處。

下切離步道約莫三十公尺處，看見前方地上有兩支完好的水鹿蹠骨和趾骨（即小腿末段），斷口處可見刀痕。一旁有些塑膠垃圾和一只打火機，包飯糰的塑膠膜上還有紅色血跡。此處隱密，位在灌叢下，平整的地面看來是被人頻繁踐踏過。

在下方落差約二公尺草叢處，我又看到動物的屍體，以及另外二根小腿末段。我繞道下切，發現身體已腐敗嚴重，萬蛆鑽動，推測死亡應有四到五天。動物的額頭處，有二個直徑約二、三公分的平整切口，上頭布滿蛆，這應該是被切斷鹿角的公水鹿。體型看來生前應該有上百公斤，前肢的胳膊和後肢大腿

也都不見了。

眼前這是一隻遭人非法商業獵殺的受害者。我們將一支有刀痕的小腿末肢與打火機包裹妥當，便離開現場，並決定將這些「證物」、照片和GPS位置交給國家公園警察小隊。

回到步道上，大夥兒心情有些沉重，但萬萬沒想到再往前走不到十分鐘處，我們又聞到了臭味。我在步道上便看見下方林間約三、四十公尺處有一大坨咖啡色圓球。這是一頭成體雌性水鹿，全身毛皮和四肢完好，肚子因為腹腔臟器腐壞而鼓脹，體型看來一百公斤應不為過。牠的左耳下方，有一個直徑約二、三公分的圓形傷口，圓孔周圍呈現黑色燒焦狀，疑似被子彈擊中後穿出的彈孔（之後也私下求證過動物法醫學鑑定朋友確認）。由於此處較第一具屍體現場乾燥，猜測兩隻水鹿被獵殺的時間可能相近。

同樣是去年（二〇一八）春天，此區離登山口不遠處的國家公園境內也有一隻公熊被槍殺。牠被一槍斃命，陳屍在步道下不到十公尺處。就在這個可謂是全台台灣黑熊族群狀況應該最好的保護區，也是我們專家學者們精挑細選的小熊野放區域，非法獵殺依舊。前日才釋放的小熊也可能晃到這附近活動，越想我的心情越沉重、越複雜。

重回人間——獨家風波

南安小熊野放計畫乃由林務局統籌，工作團隊全程均以保護小熊安全回到野外獨力生存為最終目標。林務局的「小熊要回家」記者會及新聞稿均已有明確說明，基於保護小熊安全，不宜公開地點資訊，因此不開放媒體隨行拍攝，將由官方委託協會專業記錄人員提供影像，也獲得多數媒體記者們一致配合。

野放前一天晚上，林務局保育組夏組長臨時電話我，告知將會有二位壹電視的記者要一起上飛機，目的是為了執行內政部某專案計畫，紀錄空勤總隊的執勤狀況。她轉述空勤總隊保證這與小熊野放計畫無關，且不會被報導出來。然而後續的發展令人遺憾，壹電視打破各方為了小熊安危而一致配合的默契，率先獨家報導，並且報導出小熊野放的山區以及停機坪的位置，為小熊回家的最後一哩路，增添令人不安的變數。

剛野放後的小熊通常不會立刻遠離野放地點，而會在附近遊晃一些時候。一旦野放地點被有心人士知道，小熊被獵殺的風險絕非無中生有。看看我們在下山途中已撞見二隻大水鹿被非法獵殺的情況，就會知道這些野生動物的處境著實令人焦慮，也讓全民一心護送小熊回家的完善計畫，功虧一簣，實在可惜。新聞專業自主、新聞倫理與野生動物保育意識之間，有待主關機關與新聞媒體繼續努力。

曲終人未散，小熊回家後是否安度，前程尚未可卜，而台灣黑熊保育之路也仍很漫長。曾經陪伴小熊的熊麻雞，在完成使命後也安然地頤養天年，見證一段跨物種的佳話。至於更長遠的台灣山林生態的保育規劃與實踐，仍須民間和政府齊心努力才行，這也是南安小熊妹仔教我們的一課。

A2 保育出包

壹電視跟拍小熊激眾怒

放任媒體 恐曝野放行蹤 內政部道歉

全國守護9個月「4分鐘獨家搞砸」

南安黑熊野放事件簿

小熊妹野放活潑 跑了1公里山稜線

給小熊的祝福

張鈞皓（獸醫師）

第一次見到小熊時，牠毛髮凌亂，眼神彷徨失措。牠那時小不隆咚又畏畏縮縮，我常開玩笑我的任一隻貓都可以輕易撂倒牠。

健康檢查的結果並不好，營養不良、貧血、肺炎，這些都不是偶發，在野外和媽媽分離的日子，小熊真的吃了許多苦。

收容之後，透過監視器，我們看到小熊非常專注地吃著我們給牠的粥，鐵碗被舔得一乾二淨，心中的石頭這時才放下一些。

來到特生中心後一個月，小熊第一次自己站上秤台，十三．六公斤！牠已經比一個月前整整長了一倍的體重，大家都好高興，此後每次結束休假回到特生中心，都訝異小熊比上次更大了。身為一個獸醫師，還會有什麼比看到一隻

生病的動物充滿求生意志地康復、成長還要讓人欣慰呢？

很快地，小熊已經四十公斤了，我們設下的門檻，小熊一項一項達標，牠已經準備好回家，回到山裡去了。經常有人問我，會不會捨不得？我總是笑笑說，不會呀！若是牠沒辦法回山裡頭，才是真的捨不得呢。

在照顧、野訓小熊的過程裡，牠總是讓我們驚訝（驚喜），無論是嚇人的成長速度，或是那些與生俱來、或經驗累積得來的行為與能力，這些就是對我們最好的回報。即便野外有許多挑戰，熊畢竟還是屬於山林。我把擔心化為期待，或許在野外會受傷，會生病，但牠有無限大的森林可以奔跑攀爬，還有機會可以繁殖自己的後代，在心裡想像這些畫面，也就足夠讓我感到開心了。

江宜倫（獸醫師）

記得在某個溫暖的午後
妳在十多公尺高的鬼櫟上睡了一覺
我在不遠處的地上躺下看著妳睡得香甜
這是彼此都舒適的距離，不近也不遠
靜靜的共享這片時光

妳睡了很久，不曉得妳夢見了什麼？
在戲弄那隻雞嗎？還是懷念小時候跟媽媽共處的時光？
妳還記得我們初識時的距離嗎？
妳視我如冤親債主般，又躲又藏
我們又怎麼會料想到此刻能彼此相伴
謝謝妳的信任讓我有個美好午後

當下，我想妳離回家的日子不遠了
妳我的距離必然要回到相識時那般遙遠
能成為妳熊生的一名過客已是幸運
送你回家是我的任務目標，如今你已順利回家
在這之後
你我就是過客
你有你的熊徑
我有我的人生
保重

張碩軒（照養員）

小熊再見，但對妳更好的是此生我們永遠不再相見！！

李文馨（照養員）

人們說暗戀總是最深藏心底的酸甜苦澀，回味起卻都是最美好的時光。原是一項高度機密的任務，這熊孩子卻著實如「熊」字的解析：「燃起氣勢逼人大火」，點燃每個台灣人對保育的熊熊烈火。看著你孤寂的身影，善感的自己帶著不能透漏的情慾，儘管光是「你眼中的我」早已在心中燎原；然而事實是每早洗把臉、澆熄自己的感性，拿出理性與專業，制止、喝斥每回你的嘗試接觸，只因我們唯一目標為「送小熊回家」！我不能成了你回到山林茁壯、興盛的絆腳石，你必須回家！享受拔地參天的山林、美味的各季野果，去當一隻沒有牢籠框限的熊，而我們只是與你此生交會的短暫光影，就忘了吧。

吳珈瑩（獸醫師）

很幸運能夠在研究所畢業後的幾個月內短暫加入小熊野訓班，因為能夠參與的日子不長，所以我的工作主要是協助照顧小熊的日常生活，並幫忙紀錄野訓場的點點滴滴。

很感謝黃美秀老師的帶領和指導，讓我學到許多，不只是如何讓小熊回歸山林，更給了我繼續在野生動物保育領域往前走的勇氣。也謝謝一起工作的夥伴，給山上的日子多了許多歡笑。更要謝謝小熊，雖然妳不是自願來到人的世界，但妳的到來讓我們學到很多東西，也讓人們因妳而聚集在一起，我會想念妳在野訓場奔跑的腳步聲，還有每個一起度過的下午，但願妳能夠在屬於妳的大山裡，用一樣輕快的步伐前行。

謝誌——伴熊回家路上你我不可缺

經過九個月有計畫性的照養和野訓之後，南安小熊妹仔終於回家了。期間承蒙很多單位和民眾的合作和支持，方得以共同成就。

從小熊落單的緊急救援到最後的返家，身為民間非營利組織的台灣黑熊保育協會功不可沒。協會義無反顧地承攬送小熊回家的重任，發起民眾募資籌湊照養和野訓所需的經費來源，並透過各種教育和宣導方式，提供全民認識台灣黑熊的寶貴機會，也為國人留下了台灣山林裡最美麗的身影。協會也籌組一支陣容堅強的野訓團隊，應該沒有更好的組合了，盡心盡力為達成小熊返家所需的各項條件而努力。

民眾的參與是整個計畫中最讓人動容的。這不僅包括參與集資的二千多位「熊褓姆」，還有參與野果募集合法餵食小熊，以及陌生人趨避試驗的近百民熱心民眾們。花蓮縣卓溪鄉南安、卓溪、卓樂、中正、清水等部落的耆老和布農朋友對於小熊回家的無限支持和祝福。另還有提供各項專業協助，如研發陷阱趨避電擊箱「黑熊一號」、植物種類鑑定、爬樹、攝影和登山協作等。

我個人也感謝主管單位林務局委以重任，統籌小熊野放的各項準備事宜，並動員各地方林管處協助收集野訓所需之當季野果。此外，特生中心低海拔試驗站提供小熊「上學去」的野訓場地，並協助野訓團隊各項生活和工作所需。協助小熊回家的相關單位，如臺北市立動物園獸醫室等獸醫團隊和內政部空勤總隊等等，族繁不及備載，在此一併致上最深謝忱。

最後，還是得謝謝南安小熊妹仔。這個原來是我們造成的悲劇，卻因為一隻小小熊的生命韌性而不知療癒了許多人，也讓我們重新認識了台灣黑熊這樣美麗的動物。當然，談到小熊就不能忘記點閱率還直逼小熊妹的「熊麻雞」，給大家增添了許多歡樂。小熊回家是集結了多少台灣人的努力和集氣祝福，願我們秉此熱忱和行動力持續努力，以熊為師。

Uninang Mihumisang（布農語：謝謝，祝福您。）

圖片提供／東森

Earth 21

小熊回家：南安小熊教我們的事

作　　者─黃美秀
主　　編─李筱婷
採訪整理─張嘉云
責任企畫─藍秋惠
美術設計─兒日設計

董 事 長─趙政岷
出 版 者─時報文化出版企業股份有限公司
108019台北市和平西路三段二四〇號七樓
發行專線─（〇二）二三〇六六八四二
讀者服務專線─〇八〇〇二三一七〇五
（〇二）二三〇四七一〇三
讀者服務傳真─（〇二）二三〇四六八五八
郵撥─一九三四四七二四時報文化出版公司
信箱─一〇八九九臺北華江橋郵局第九九信箱

時報悅讀網─http://www.readingtimes.com.tw
時報出版愛讀者─http://www.facebook.com/readingtimes.fans
法律顧問─理律法律事務所　陳長文律師、李念祖律師
印　　刷─和楹印刷股份有限公司
初版一刷─二〇一九年六月十四日
初版九刷─二〇二四年三月十一日
定價─新台幣三六〇元

時報文化出版公司成立於一九七五年，
並於一九九九年股票上櫃公開發行，於二〇〇八年脫離中時集團非屬旺中，
以「尊重智慧與創意的文化事業」為信念。

小熊回家：南安小熊教我們的事 / 黃美秀著. -- 初版. -- 臺北市：時報文化, 2019.06
240面；14.8×21公分. -- (Earth)

ISBN 978-957-13-7814-5(平裝)

1.熊科　2.野生動物保育

389.813　108007170

合作出版─台灣黑熊保育協會
發 行 人─張富美
理 事 長─張富美
10041 台北市中正區北平西路六號五樓之二
電話─（02）2381-8696
傳真─（02）2381-8695
網址─ http://www.taiwanbear.org.tw/

時報文化出版／台灣黑熊保育協會◎合作出版

ISBN 978-957-13-7814-5
Printed in Taiwan